高等职业教育规划教材

电子产品设计与制作

主编 孙巍 张静

图书在版编目(CIP)数据

电子产品设计与制作/孙巍,张静主编.—苏州:苏州大学出版社,2016.5
高等职业教育规划教材
ISBN 978-7-5672-1585-6

Ⅰ.①电… Ⅱ.①孙…②张… Ⅲ.①电子工业-产品-设计-高等职业教育-教材②电子工业-产品-生产工艺-高等职业教育-教材 Ⅳ.①TN602②TN605

中国版本图书馆 CIP 数据核字(2016)第 097702 号

电子产品设计与制作

孙 巍 张 静 主编

责任编辑 苏 秦

苏州大学出版社出版发行
(地址:苏州市十梓街1号 邮编:215006)
苏州恒久印务有限公司印装
(地址:苏州市友新路28号东侧 邮编:215128)

开本 787mm×1092mm 1/16 印张 12.25 字数 300 千
2016 年 5 月第 1 版 2016 年 5 月第 1 次印刷
ISBN 978-7-5672-1585-6 定价:30.00 元

苏州大学版图书若有印装错误,本社负责调换
苏州大学出版社营销部 电话:0512-65225020
苏州大学出版社网址 http://www.sudapress.com

前言

《电子产品制作应用技术》以培养学生的动手能力为目标,以小型电子产品为载体,把现代电子产品生产工艺相应的内容融入工作任务中,具体直观地介绍了常用电子仪器、仪表的使用,电子元件的选择与应用,多产品校准器的使用,直流稳压电路的制作,湿度检测报警电路的制作,过电压保护电路的制作,光耦 f/V 转换器的制作,计数器电路的制作,智能爬行器的制作,永磁式直流调速电路的制作,频闪器的制作,微弱信号放大器的制作,无线遥控车的制作等。

本书内容上力求做到理论与实际相结合,符合循序渐进的教学要求,从打好基础入手,突出理论知识与技能实践紧密结合的特点,依据由浅入深、由易到难的教学原则,力求培养出基本功好、灵活运用能力强的学生,使他们能得心应手地运用所学知识,为今后学习设备的装配、操作和修理等技能打下扎实而又牢固的基础。

本书由上海工程技术大学高等职业技术学院、上海市高级技工学校的孙巍老师和张静老师编写。孙巍老师编写课题一~课题七,张静老师编写课题八~课题十三,在资料收集和技术交流方面,得到了学校和企业专家的大力支持,在此表示诚挚的感谢。

由于编者水平有限,书中难免有错误和不妥之处,敬请广大读者批评指正。

编 者

Contents 目录

课题一	常用电子仪器、仪表的使用 ……………………………	1
课题二	电子元件的选择与应用 ……………………………………	34
课题三	多产品校准器的使用 ………………………………………	58
课题四	直流稳压电路的制作 ………………………………………	83
课题五	湿度检测报警电路的制作 …………………………………	95
课题六	过电压保护电路的制作 ……………………………………	103
课题七	光耦 f/V 转换器的制作 ……………………………………	112
课题八	计数器电路的制作 …………………………………………	124
课题九	智能爬行器的制作 …………………………………………	139
课题十	永磁式直流调速电路的制作 ………………………………	151
课题十一	频闪器的制作 ……………………………………………	157
课题十二	微弱信号放大器的制作 …………………………………	166
课题十三	无线遥控车的制作 ………………………………………	175

课题一　常用电子仪器、仪表的使用

【教学目的】

(1) 理解和掌握仪器、仪表的原理。
(2) 掌握万用表、示波器、晶体管图示仪、信号发生器等仪器的测试方法。
(3) 熟悉常用电子仪器及电子电路实验设备的使用方法。

【任务分析】

合理选择电子测量仪器,是保证测量结果的正确性的重要前提条件。

首先,应充分了解电子仪器的性能。选择测量工具时应全面、深入地了解和掌握各种仪器的功能、技术性能、基本原理及使用方法,以使测量顺利进行并保证测量结果的正确性。

其次,应注意环境对仪器的影响。任何仪器在使用过程中,对环境条件都有一定的要求。大部分的电子仪器,特别是灵敏度和精度较高的仪器,受环境温度、湿度及电磁场的影响很大。应根据被测信号的特点及测量的要求,创造良好的测试环境,以免影响测试结果。

最后,应根据测试要求选择测试仪器。能够完成同一参数的测试的仪器类型可能有多种(如测量交流电压可以选用万用表、示波器等),不同的仪器,其测量的精度和使用方法不同,应以满足测试要求,简洁、方便为标准来选择测量仪器。

使用电子测量仪器时,应严格遵循仪器的操作方法、步骤及操作中应该注意的问题。非法操作和使用仪器,都有可能导致测量误差增大或使被测电路、元器件及电子测量仪器损坏。因此,在使用仪器的过程中,应注意以下几个方面的问题。

(1) 接通电源前,应仔细检查仪器的开关、旋钮、接线插头等是否接好,是否存在故障,以防止短路、开路或接触不良等人为故障。为了确保人身和仪器的安全,仪器的电源插头连接线等绝缘层应完好无损,接地要良好。

(2) 接通电源后,不能敲打仪器机壳,不能用力拖动。如要移动仪器设备,应首先切断电源,然后轻轻移动。测试结束后,应先关断电源,确保安全时再拆除电路。

(3) 使用仪器时,应注意仪器适用电压范围与电网电压是否吻合,同时应注意电网电压的波动。盲目使用会导致仪器不能正常工作或损坏。

(4) 在将仪器和电路连接成测试系统时,要注意系统的"共地"问题,同一系统中的所有仪器和电路的接地端应可靠地连接在一起;否则,会引起外界干扰,导致测量误差增大。有时甚至会损坏仪器或电路,造成不必要的损失。

一、万用表的使用

数字万用表(图 1-1 为 UT58D 型数字万用表)可用来测量直流和交流电压、直流和交流电流、电阻、电容、电感、二极管有关参数、三极管 h_{FE} 及进行连续性测试,并具有自动断电功能,整机电路设计以大规模集成电路双积分 A/D 转换器为核心,并配以全过程过载保护电路,使之成为性能优越的工具仪表,是实验室、工厂、学校及电子爱好者的必备工具。

图 1-1　UT58D 型数字万用表

1. 操作前注意事项

(1) 当黄色 POWER 键被按下时,仪表电源即被接通;黄色 POWER 键处于弹起状态时,仪表电源即被关闭。检查 9V 电池,如果电池电压不足,"BAT"将显示在显示器上,这时应更换电池;如果没有出现则按以下步骤进行操作。

(2) 测试表笔插孔旁边的"△!"符号表示输入电压或电流不应超过标示值,该设计用于保护内部线路免受损伤。

(3) 测试前,功能开关应置于所需量程上。

2. 外形结构(如图 1-2 所示)

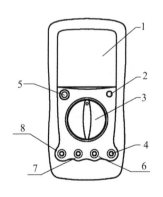

1: LCD 显示器
2: 数据保持选择按键
3: 量程开关
4: 公共输入端
5: 电源开关
6: V、Ω 输入端
7: mA 测量输入端
8: 20A 电流输入端

图 1-2　外形结构

3. 按键功能及自动关机

(1) 电源开关按键。

当黄色 POWER 键被按下时,仪表电源即被接通;黄色 POWER 键处于弹起状态时,仪表电源即被关闭。仪表工作 15 分钟左右,电源将自动切断,仪表进入休眠状态,此时仪表电流约为 $10\mu A$。

(2) 数据保持显示。

按下蓝色 HOLD 键,仪表 LCD 上保持显示当前测量值,再次按一下该键则退出数据保持显示功能。

4. 显示符号(如图 1-3 所示)及对应说明(如表 1-1 所示)

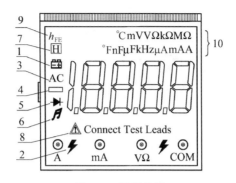

图 1-3 显示符号

表 1-1 显示符号对应说明

序号	符号	说明
1	🔋	电池电量不足
2	⚡	警告提示符号
3	AC	测量交流时显示,直流关闭
4	⎯	显示负的极性
5	▶|	二极管测量提示符
6	♫	电路通断测量提示符
7	H	数据保持提示符
8	⚠	Connect Terminal 输入端口连接提示
9	h_{FE}	三极管放大倍数提示符
10	mV V	电压单位:毫伏、伏
	Ω kΩ MΩ	电阻单位:欧姆、千欧姆、兆欧姆
	μA mA A	电流单位:微安、毫安、安培
	℃ ℉	摄氏温度、华氏温度
	kHz	频率单位:千赫兹
	nF μF	电容单位:纳法、微法

5. 测量操作

(1) 直流电压测量(操作方法如图 1-4 所示)。

① 将红表笔插入 VΩ 插孔,黑表笔插入 COM 插孔。

② 将功能开关置于 V⎓ 量程挡,并将测试表笔并联到待测电源或负载上,同时注意正、负极性。

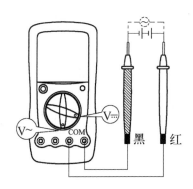

图 1-4　直流电压测量的连接方法

③ 从显示器上读取测量结果。

④ 如果不知道被测电压范围,将功能开关置于大量程并逐渐降低量程(不能在测量中改变量程)。

⑤ 如果显示"1",表示为过量程,功能开关应置于更高的量程。

⑥ "△!"表示不要输入高于万用表要求的电压,否则有损坏内部线路的危险。

⑦ 当测高压时,应特别注意避免触电。

(2) 交流电压测量。

操作说明与直流电压测量大致相同。

(3) 直流电流测量(操作方法如图 1-5 所示)。

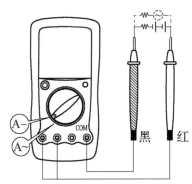

图 1-5　直流电流测量的连接方法

① 将红表笔插入 mA 或 20A 插孔(当测量 200mA 以下的电流时,插入 mA 插孔;当测量 200mA 及以上的电流时,插入 20A 插孔),黑表笔插入 COM 插孔。

② 将功能开关置 A⎓ 量程,并将测试表笔串联接到待测负载回路中,同时注意正、负极性。

③ 从显示器上读取测量结果。

④ 如果使用前不知道被测电流范围,将功能开关置于最大量程并逐渐降低量程(不能在测量中改变量程)。

⑤ 如果显示器只显示"1",表示为过量程,功能开关应置于更高量程。

⑥ "△!"表示最大输入电流为 200mA 或 20A(10A),具体取决于所使用的插孔,过大的

电流将烧坏保险丝,20A(10A)量程无保险丝保护。

⑦ 最大测试压降为 200mV。

(4) 交流电流测量。

操作说明与直流电流测量大致相同。

(5) 电阻测量(操作方法如图 1-6 所示)。

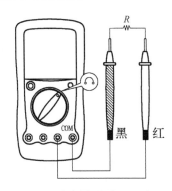

图 1-6　电阻测量的连接方法

① 将红表笔插入 VΩ 插孔,黑表笔插入 COM 插孔。

② 将功能开关置于 Ω 量程,将测试表笔并接到待测电阻上。

③ 从显示器上读取测量结果。

④ 如果被测电阻值超出所选择量程的最大值,将显示过量程"1",应选择更高的量程,对于大于 1MΩ 或更高的电阻,要几秒后读数才能稳定,对于高阻值读数这是正常的。

⑤ 当无输入时,如开路情况,显示"1"。

⑥ 当检查内部线路阻抗时,要保证被测线路所有电源断电,所有电容放电。

⑦ 在测量电阻时,应注意一定不要带电测量。

(6) 二极管和蜂鸣通断测量(操作方法如图 1-7 所示)。

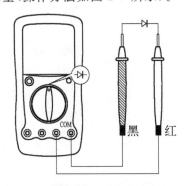

图 1-7　二极管和蜂鸣通断测量的连接方法

① 将红表笔插入 VΩ 插孔,黑色表笔插入 COM 插孔。

② 将功能开关置于二极管和蜂鸣通断测量挡位。

③ 如将红表笔连接到待测二极管的正极,黑表笔连接到待测二极管的负极,则 LCD 上的读数为二极管正向压降的近似值。

④ 将表笔连接到待测线路的两端,若被测线路两端间的电阻值在 70Ω 以下,仪表内置蜂鸣器发声,同时 LCD 显示被测线路两端的电阻值。

⑤ 如果被测二极管开路或极性接反(即黑表笔连接的电极为"+",红表笔连接的电极为"-"),LCD 将显示"1"。

⑥ 用二极管挡可以测量二极管及其他半导体器件 PN 结的电压降,对一个结构正常的硅半导体,正向压降的读数应该为 500~800mV。

⑦ 为了避免仪表损坏,在线测试二极管前,应先确认电路电源已被切断,电容已放完电。

⑧ 不要输入高于直流 60V 或交流 30V 的电压,以免损坏仪表或伤害到人。

(7) 电容测试(操作方法如图 1-8 所示)。

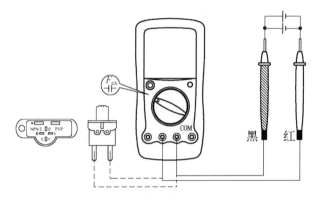

图 1-8 电容测试的连接方法

① 将功能开关置于 F_{cx} 量程。

② 如果被测电容大小未知,应从最大量程开始再逐步减少。

③ 根据被测电容,选择多用转接插头座或带夹短测试线插入 VΩ 插孔或 mA 插孔,并应接触可靠。

④ 从显示器上读取读数。

⑤ 仪器本身已对电容挡设置了保护,在电容测试过程中,不用考虑电容极性及电容充放电等情况。

⑥ 测量电容时,将电容插入电容测试座中(不要通过表笔插孔测量)。

⑦ 测量大电容时,稳定读数需要一定时间。

⑧ 单位:$1pF=10^{-6}\mu F$,$1nF=10^{-3}\mu F$。

(8) 晶体管参数测量(操作方法如图 1-9 所示)。

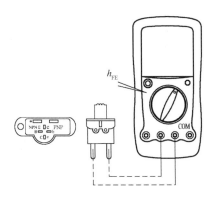

图 1-9 晶体管参数测量的连接方法

① 将功能/量程开关置于 h_{FE}。

② 多用转接插头座按正确方向插入 mA 和 VΩ 插孔,并应接触可靠。

③ 判断待测晶体管是 PNP 型还是 NPN 型,将基极(B)、发射极(E)、集电极(C)对应插入,显示器上即显示出被测晶体管的 h_{FE} 近似值。

(9) 数字万用表保养注意事项。

数字万用表是一种精密电子仪表,不要随意更改线路,并注意以下几点:

① 不要超量程使用。

② 不要在电阻挡时接入电压信号。

③ 在电池没有装好或后盖没有上紧时,不要使用。

④ 只有在测试表笔从万用表移开并切断电源后,才能更换电池和保险丝。注意 9V 电池的使用情况,如果需要更换电池,打开后盖螺丝,用同一型号电池更换;更换保险丝时,应使用相同型号的保险丝。

MF47 型指针式万用表中设有二极管和熔断丝双重保护装置,它具有测量直流电压、直流电流、交流电压、电阻、音频电平、晶体管直流参数 h_{FE}、负载电流 LI、负载电压 LV 等的功能。

6. MF47 型指针式万用表(实物外形如图 1-10 所示)测量操作

测量之前先调整表盖上的机械调零器,使指针指于 0 位上,测量时将红、黑测试笔分别插入+、COM 插孔内。

(1) 直流电流测量。

当测量一个未知其大小的电流时,应将转换开关旋到直流挡(DCmA)最大量程处,根据测出数值的大小,把转换开关旋到相应的挡位上(表头指针指示一般应大于 1/3 满刻度)。测量时,将测试笔与被测电路串联,红笔接在电路的正端,在第二条刻度线上读出测量值。当被测电流大于 500mA 时,应将红笔接在 10A 插孔内,开关置于 DCmA 的 500mA 处。

图 1-10 MF47 型指针式万用表

(2) 直流电压测量。

当测量一个未知其大小的电压时,应将转换开关旋至直流电压挡(DCV)最大量程处,根据测出数值的大小,把转换开关旋到 DCV 的相应挡位上(表头指针指示一般大于 1/3 满刻度)。测量时将两测试笔并接在电路中,红笔接在电路的正端,黑笔接在电路的负端,在第二条刻度线上读出测量值。

(3) 交流电压测量。

交流电压的测量与直流电压的测量方法相似,只需把转换开关旋至 ACV 的相应挡位,就可在第二条刻度线上读出测量值。

(4) 电阻值的测量。

先将转换开关旋到所要测量值所在电阻挡的范围内,然后将红黑两笔短接,调节"Ω 调零旋钮",使指针指在 0Ω(即满刻度)位置上,再把测试笔分别接被测电阻的两端,就可测出被测电阻的阻值,在第一条刻度线上读出电阻的读数。测量电阻时,尽可能使指针在全弧长的 20%~80% 范围内,这样读数比较准确。每当变换量程时,指针会偏离 0Ω,这时,应调节"Ω 调零旋钮",使指针指在 0Ω 后再进行测量。

(5) 电池测试。

当电池的电量足够时,指针停留在绿色范围内,电池的电量不足时,指针停留在中间红色范围内。

(6) 负载电流 LI 和负载电压 LV 测量。

在被测电路中流过电阻元件的电流称为负载电流,在本电表中用 LI 表示;该电阻元件两端的电压称为负载电压,在电表中用 LV 表示。LI、LV 的刻度实际上是电阻挡辅助刻度,LI、LV 和 R 之间的关系为 $LI=LV/R$,LI 看第五条刻度线,LV 看第六条刻度线,其读数与欧姆挡的关系如表 1-2 所示。

表 1-2 读数与欧姆挡的关系

电阻挡	负载电流 LI	负载电压 LV
1	150mA	3V
10	15mA	3V
1k	150A	3V

(7) 晶体管直流放大倍数 h_{FE} 的测量。

先转动转换开关至欧姆×10 的位置上,将红黑两笔短接,调节"Ω 调零旋钮"使指针指在 0Ω(即满刻度)位置上。将待测的晶体管各脚分别插入晶体管测试座的 e、b、c 插孔内,PNP 型晶体管应插入 P 型测试座,NPN 型晶体管插入 N 型测试座。读数在第四条刻度线上读出。

(8) 音频电压的测量。

测量方法与测量交流电压相同,读数见 dB 刻度线。dB 刻度是根据 0dB=1mW600Ω 输送标准设计的,刻度上的 dB 值是 10V 挡的,测量范围为 −10~22dB,如读数大于 22dB 时需换50V、250V或1000V,用50V、250V、1000V测量dB时须把读数加上表1-3中所列的校正值。例如,在250V交流挡测得dB值为12dB,则实际dB值为12dB+28dB=40dB。当测音频电压时,如果同时存在直流电压,应把红笔接在测量音频电平的插口。

表1-3 dB值校正值表

量程	按电平刻度增加值	电平的测量范围
10V		−10～22dB
50V	+14dB	4～36dB
250V	+28dB	18～50dB
1000V	+40dB	30～62dB

(9) 晶体管 I_{CEO}(穿透电流)的测试。

① 将测试笔插入"+"和"−"中,转换开关置在 $R\times10$(15mA)或 $R\times1$(150mA)处,调整"Ω调零旋钮"使指针指在0Ω(即满刻度)位置上。

② 晶体管插入晶体管测试座(同测晶体管放大倍数连接方式一致)。

③ 如果读数降至 I_{CEO} 刻度的红色漏损位置,晶体管可能正常,但是如果它超出该位置,接近全刻度,则肯定有缺陷。

(10) 注意事项。

MF47型万用表虽有双重保护装置,但使用时仍应遵守下列规程,避免发生意外,损坏仪表。

① 应在切断电源情况下变换量程。

② 如偶然发生因过载而烧断保险丝,可打开表盒换上相同型号的保险丝。

③ 测量高压时,要站在干燥绝缘板上,并一手操作,防止意外。

④ 要定期检查、更换电阻各挡供电的电池。更换时要注意电池正负极性。如长期不用,应取出电池,以防止电液漏出腐蚀损坏零部件。

二、示波器的使用

1. 示波器的工作原理

示波器是利用电子示波管的特性,将人眼无法直接观测的交变电信号转换成图像,显示在荧光屏上以便测量的电子测量仪器。示波器是形象地显示信号幅度随时间变化的波形显示仪器,是一种综合的信号特性测试仪,是电子测量仪器的基本种类。

2. 示波器的组成

示波器由示波管、电源系统、水平系统、垂直系统、扫描系统、触发系统、显示系统等组成(如图1-11所示)。

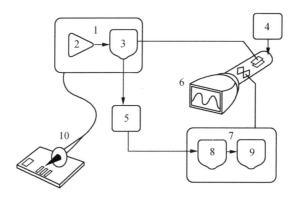

1:垂直系统　2:衰减器　3:垂直放大器　4:显示系统　5:触发系统
6:阴极射线管　7:水平系统　8:扫描发生器　9:水平放大器　10:探头

图 1-11　示波器的组成

3. 示波器的使用

示波器是一种用途十分广泛的电子测量仪器,YB43020 型示波器如图 1-12 所示。它能把肉眼看不到的电信号变换成看得见的图像,便于人们研究各种电现象的变化过程。利用示波器能观察各种不同电信号幅度随时间变化的波形曲线,还可以用它测试各种不同信号的电量,如电压、电流、频率、相位差、幅度等。

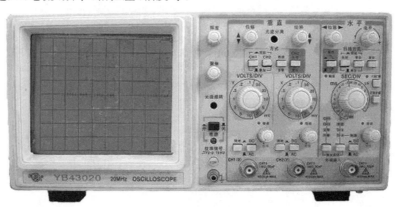

图 1-12　YB43020 型示波器

(1) 电源(POWER)。

示波器主电源开关。当此开关按下时,电源指示灯亮,表示电源接通。

(2) 辉度(INTENSITY)旋钮。

旋转此旋钮能改变光点和扫描线的亮度。观察低频信号时亮度可调小些,观察高频信号时可调大些。一般不应太亮,以保护荧光屏。可进行光迹亮度调节,顺时针旋转光迹增亮。

(3) 聚焦(FOCUS)旋钮。

聚焦旋钮用于调节电子束截面大小,可通过调节示波管电子束的焦点,使显示的光点成为细而清晰的圆点。

(4) 标尺亮度(ILLUMINANCE)旋钮。

此旋钮用于调节荧光屏后面的照明灯亮度。正常室内光线下,照明灯暗一些好。室内光线不足的环境中,可适当调亮照明灯。

(5) 垂直偏转因数选择(VOLTS/DIV)和微调。

双踪示波器中每个通道各有一个垂直偏转因数选择波段开关。按1、2、5、10方式把时基分为若干挡,从2mV/DIV 到10V/DIV 分为12挡。波段开关指示的值代表荧光屏上垂直方向一格的电压值。例如,波段开关置于1V/DIV 挡时,如果屏幕上信号光点移动一格,则代表输入信号电压变化1V。

每个波段开关下往往还有一个小旋钮(有些示波器是在波段开关上),用于微调每挡垂直偏转因数。将它沿逆时针方向旋到底(有些示波器是按顺时针方向旋到底),处于校准位置,此时垂直偏转因数值与波段开关所指示的值一致。顺时针旋转此旋钮,能够微调垂直偏转因数。垂直偏转因数微调后,会造成它与波段开关的指示值不一致。

当测试数字电路时,在屏幕上被测信号的垂直移动距离与+5V 信号的垂直移动距离之比常被用于判断被测信号的电压值。

(6) 时基选择(TIME/DIV)和微调。

时基选择和微调的使用方法与垂直偏转因数选择和微调类似。时基选择也通过一个波段开关实现,按1、2、5、10方式把时基分为若干挡。波段开关的指示值代表光点在水平方向移动一个格的时间值。例如,在1μs/DIV 挡,光点在屏上移动一格代表时间值1μs。

微调旋钮用于时基校准和微调。沿逆时针方向旋到底处于校准位置时(有些示波器是按顺时针方向旋到底),屏幕上显示的时基值与波段开关所示的标称值一致。逆时针旋转旋钮,则对时基微调。按下×5按钮处于扫描扩展状态,通常为×5扩展状态,即水平灵敏度扩大5倍,时基缩小到1/5。例如,在2μs/DIV 挡,扫描扩展状态下荧光屏上水平一格代表的时间值等于2μs×(1/5)=0.1μs。

(7) 标准信号源(CAL)。

标准信号源专门用于校准 Y 轴偏转因数和扫描时间因数。例如 YB43020 型示波器标准信号源提供幅度为0.5V、频率为1kHz 的方波信号。

(8) 位移(POSITION)旋钮。

用于调节信号波形在荧光屏上的位置。旋转水平位移旋钮(标有水平双向箭头)可左右移动信号波形,旋转垂直位移旋钮(标有垂直双向箭头)可上下移动信号波形。

(9) 输入通道选择。

输入通道至少有三种选择方式:通道1(CH1)、通道2(CH2)、双通道(DUAL)。选择通道1时,示波器仅显示通道1的信号;选择通道2时,示波器仅显示通道2的信号;选择双通道时,示波器同时显示通道1和通道2的信号。测试信号时,首先要将示波器的地与被测电路的地连接在一起。根据输入通道的选择,将示波器探头插到相应通道插座上,示波器探头上的地与被测电路的地连接在一起,示波器探头接触被测点。

(10) 示波器探头。

示波器探头上有一双位开关(如图1-13所示)。此开关拨到×1位置时,被测信号无衰减地送到示波器,从荧光屏上读出的电压值是信号的实际电压值。此开关拨到×10位置时,被测信号衰减为1/10,然后送往示波器,从荧光屏上读出的电压值乘以10才是信号的实际电压值。

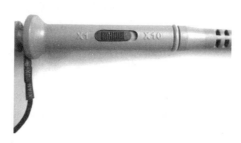

图 1-13　示波器探头上的双位开关

(11) 输入耦合方式。

输入耦合方式有三种选择:交流(AC)、地(GND)、直流(DC)。AC:信号中的直流分量被隔开,用以观察交流成分;DC:信号与仪器通道直接耦合,当需要观察信号的直流成分或信号的频率较低时应选用此方式;GND:输入端处于接地状态,用以确定输入端为零时光迹所在位置。

(12) 触发源(SOURCE)选择。

要使屏幕上显示稳定的波形,则需将被测信号本身或者与被测信号有一定时间关系的触发信号加到触发电路。

CH1:在双踪显示时,触发信号来自 CH1 通道;在单踪显示时,触发信号则来自被显示的通道。双踪示波器中通道1或者通道2都可以选作触发信号。

CH2:在双踪显示时,触发信号来自 CH2 通道;在单踪显示时,触发信号则来自被显示的通道。

交替(ALT):在双踪交替显示时,触发信号交替来自两个 Y 通道,此方式用于同时观察两路不相关的信号。

电源(LINE):触发信号来自于市电。特别在测量音频电路、闸流管的低电平交流噪音时更为有效。

外接(EXT):触发信号来自于触发输入端口。

TV-H:视频-行方式,用于观测视频行信号。

TV-V:视频-场方式,用于观测视频场信号。

注意:TV-V 和 TV-H 两种触发方式仅在视频信号的同步极性为负时才起作用。

(13) 触发耦合(COUPLING)方式选择。

触发信号到触发电路的耦合方式有多种,这是为了触发信号的稳定、可靠。AC 耦合又称电容耦合,它只允许用触发信号的交流分量触发,触发信号的直流分量被隔断。通常在不考虑直流分量时使用这种耦合方式,以形成稳定触发。但是如果触发信号的频率小于10Hz,则会造成触发困难。

直流耦合(DC)不隔断触发信号的直流分量。当触发信号的频率较低或者触发信号的占空比很大时,使用直流耦合较好。

低频抑制(LFR)触发时,触发信号经过高通滤波器加到触发电路,触发信号的低频成分被抑制;高频抑制(HFR)触发时,触发信号通过低通滤波器加到触发电路,触发信号的高频成分被抑制。此外还有用于电视维修的电视同步(TV)触发。这些触发耦合方式各有自己的适用范围,需在使用中去体会。

(14) 触发电平(LEVEL)和触发极性(SLOPE)。

触发电平调节又叫同步调节,用以调节被测信号在变化至某一电平时触发扫描,它使得扫描与被测信号同步。电平调节旋钮调节触发信号的触发电平。一旦触发信号超过由旋钮设定的触发电平时,扫描即被触发。顺时针旋转旋钮,触发电平上升;逆时针旋转旋钮,触发电平下降。当电平旋钮调到电平锁定位置时,触发电平自动保持在触发信号的幅度之内,不需要电平调节就能产生一个稳定的触发。

极性开关用来选择触发信号的极性。拨在"+"位置上时,在信号增加的方向上,当触发信号超过触发电平时就产生触发。拨在"−"位置上时,在信号减少的方向上,当触发信号超过触发电平时就产生触发。触发极性和触发电平共同决定触发信号的触发点。

(15) 扫描方式(SWEEPMODE)。

扫描有自动(AUTO)、常态(NORM)和单次(SINGLE)三种扫描方式。

自动:当无触发信号输入,或者触发信号频率低于50Hz时,扫描为自激方式。

常态:当无触发信号输入时,扫描处于准备状态,没有扫描线。触发信号到达后,触发扫描。

单次:单次按钮类似复位开关。单次扫描方式下,按单次按钮时扫描电路复位,此时准备好(READY)灯亮。触发信号到达后产生一次扫描。单次扫描结束后,准备灯灭。单次扫描用于观测非周期信号或者单次瞬变信号,往往需要对波形拍照。

4. 使用说明

(1) 扫描线调整。

电源开关接通前,要确认交流电源电压应该在电源电压切换器所设定的额定工作电压范围之内。然后,将电源线与交流电源连接,再按照下述步骤进行设置和操作。

① 电源(POWER)开关:弹出的关断状态。

② 辉度(INTENSITY)旋钮:逆时针方向旋转到头。

③ 聚焦(FOCUS)旋钮:中心位置。

④ AC-GND-DC 开关:GND。

⑤ 垂直(POSITION)旋钮:中心位置(旋钮推入状态)。

⑥ 垂直(MODE)开关:CH1。

⑦ 触发(MODE)开关:AUTO。

⑧ 触发源(SOURCE)开关:CH1。

⑨ 触发(SOUECE)旋钮:中心位置。

⑩ 时基选择(TIME/DIV)开关：0.5ms/DIV。

⑪ 水平(POSITION)旋钮：中心位置(旋钮推入状态)。

进行以上的设置后，接通电源开关。等待约 15 秒后顺时针方向旋转辉度(INTENSITY)旋钮，就能显示出扫描线。

此时如果想立即进行测量，先调整聚焦(FOCUS)旋钮使扫描线的聚焦效果达到最佳。如果在通电状态下暂时不使用，应逆时针方向旋转辉度(INTENSITY)旋钮降低扫描线的亮度。

(2) 观测波形。

① 观测一个波形。

若只是观测一个波形，可使用 CH1 或 CH2。使用 CH1 时，请按下述步骤进行设置和操作。

垂直(MODE)开关：CH1。

触发(MODE)开关：AUTO。

触发(SOURCE)开关：INT。

在此状态下，对于输入 CH1 的 25Hz 以上的周期性信号，可以通过调整触发电平旋钮取得扫描同步。由于触发设于 AUTO 状态，即使是在无信号输入或 AC-GND-DC 开关置于 GND 等情况下，也会自动进行扫描，便于对直流电压进行测量。

观测 25Hz 以下的超低频信号时，需要改变触发方式的设置。

触发(MODE)开关：NORM。

此时通过调整触发电平，可以得到扫描同步。

仅使用 CH2 时，请进行如下设置。

垂直(MODE)开关：CH2。

触发(SOURCE)开关：INT。

INT TRIG 开关：CH2。

② 观测两个波形。

将垂直(MODE)开关设为交替(ALT)或断续(CHOP)，就能方便地对两个波形进行观测。

被观测的两路信号频率较高时，应将开关置于交替(ALT)；频率较低时，应将开关置于断续(CHOP)。

测量两个信号的相位差时，请选择相位超前的一路信号作为触发信号源。

③ 使用 X-Y 功能观测波形。

将 TIME/DIV 开关设置于 X-Y 位置，就可以作为 X-Y 示波器使用。此时：

X 轴(水平轴)信号：CH1。

Y 轴(垂直轴)信号：CH2。

扫描扩展开关置于正常位置。

④ 叠加显示方式功能的使用方法。

将垂直 MODE 开关置于叠加显示方式位置,就可以观测到两路信号相加的波形。

(3) 信号连接。

为了保证高精度地测试高频信号,要使用本机所附带的探头。但应注意,本机所附带的 10∶1 衰减探头将信号衰减到 1/10 之后才送入示波器,不利于测试微弱信号,但能扩大对大信号的测量范围。

注意:

① 不要测量超过 400V(DC+AC peak≤1kHz)的信号。

② 测量上升时间短的脉冲信号和高频信号时,应尽量将探头的接地导线接于邻近被测点的位置。接地导线过长,可能会引起振铃或过冲等波形失真。

当使用 10∶1 衰减探头测量时,应将 VOLTS/DIV 开关的设定值进行乘 10 的换算。例如,测量时 VOLTS/DIV 开关设置于 50mV/DIV,读数时要按照这个设定值的 10 倍,即 50mV/DIV×10=500mV/DIV 读取测量结果。

③ 为了避免测量误差,务必在测量前按照下列方法对探头进行检验和校准。

将探头与探头校准用的 1kHz 方波信号输出端子 CAL 0.5V 相连接。荧光屏上所显示的波形不是标准的方波时,应用小螺丝刀调整探头上的频率补偿微调电容器进行校准,使荧光屏上显示出标准的方波。

(4) 测试方法。

① 直流电压的测试。

将 AC-GND-DC 开关置于 GND 位置,将零电平扫描线移至屏幕上便于观测的位置。适当设置 VOLTS/DIV 开关的位置,将 AC-GND-DC 开关置于 DC 位置,此时被测信号的直流分量将使扫描线产生位移。位移的距离乘以 VOLTS/DIV 的设定值就是被测信号的直流电压。

例如,在图 1-14 中如果 VOLTS/DIV 开关设置在 50mV/DIV,则 50mV/DIV×4.2DIV =210mV(使用 10∶1 的探头时,实际幅度为测试结果的 10 倍,即 50mV/DIV×4.2DIV×10 =2.1V)。

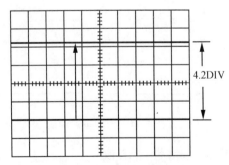

图 1-14 直流电压的读数

② 交流电压的测试。

与直流电压测试相同,先将零电平置于荧光屏上便于测试的任何位置。

另外,测量叠加在较高直流电平上的振幅较小的交流信号时,可将 AC-GND-DC 开关置于 AC 位置,滤除其直流分量,便可使用更高的灵敏度进行观测。

③ 频率、周期的测定。

以图 1-15 为例说明。从 A 时刻到 B 时刻为一个周期,在屏幕上是 2.0DIV。若扫描速度为 1ms/DIV,则信号的周期为 1ms/DIV× 2.0DIV＝2.0ms($2.0×10^{-3}$s),因此频率为 1/2.0ms＝500Hz(当用扫描扩展时,扫描时间变为 TIME/DIV 设定值的 1/10,这时信号的周期应是 2.0ms×10＝20ms,频率则为 50Hz)。

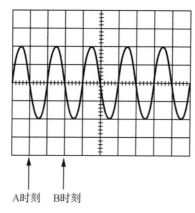

图 1-15　A 时刻到 B 时刻为一个周期

④ 时间差的测定。

测量两路信号的时间差时,应以作为基准的一路信号作为触发信号源。

例如,在测量图 1-16(a)所示的两路信号时,以 CH1 作为触发信号源的情况示于图 1-16(b),以 CH2 作为触发信号源的情况示于图 1-16(c)。因此,在测量 CH2 信号滞后于 CH1 信号的时间时,应以 CH1 作为触发信号源,反之则应以 CH2 作为触发信号源。也就是说,应以相位超前的信号作为触发信号源,否则需要观测的部分有时不能显示于屏幕上。

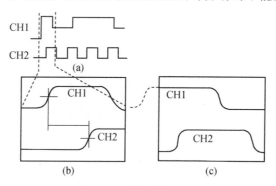

图 1-16　时间差的测量

三、XJ4810 型半导体管特性图示仪

半导体管特性图示仪可用来显示半导体器件的各种特性曲线,并可测量半导体器件的各种参数。

1. 主要技术性能

Y 轴偏转参数：

集电极电流（I_C）范围：10μA/DIV～0.5A/DIV 分 15 挡，误差不超过±3%。

二极管反向漏电流（I_R）：0.2～5μA/DIV 分 5 挡。

2～5μA/DIV，误差不超过±3%。

0.2μA/DIV、0.5μA/DIV、1μA/DIV，误差分别不超过±20%、±10%、±5%。

基极电流或基极源电压：0.05V/DIV，误差不超过±3%。

外接输入：0.05V/DIV，误差不超过±3%。

偏转倍率：×0.1，误差不超过±(10%+10nA)。

X 轴偏转参数：

集电极电压范围：0.05～50V/DIV 分 10 挡，误差不超过±3%。

基极电压范围：0.05～1V/DIV 分 5 挡，误差不超过±3%。

基极电流或基极源电压：0.05V/DIV，误差不超过±3%。

外接输入：0.05V/DIV，误差不超过±3%。

阶梯信号：

阶梯电流范围：0.2μA/级～50mA/级，分 17 挡。

1μA/级～50mA/级，误差不超过±5%。

0.2μA/级、0.5μA/级，误差不超过±7%。

阶梯电压范围：0.05～1V/级 分 5 挡，误差不超过±5%。

串联电阻：0、10kΩ、1MΩ 分 3 挡，误差不超过±10%。

每簇级数：1～10 连续可调。

每秒级数：200。

极性：＋、－分 2 挡。

集电极扫描信号：

峰值电压与峰值电流容量：各挡级电压连续可调，其最大输出不低于表 1-4 要求（AC 例外）。

表 1-4 峰值电压与峰值电流容量

挡级 \ 电源电压	198V		220V		242V	
0～1V 挡	0～9V	5A	0～10V	5A	0～11V	5A
0～50V 挡	0～45V	1A	0～50V	1A	0～55V	1A
0～100V 挡	0～90V	0.5A	0～100V	0.5A	0～110V	0.5A
0～500V 挡	0～450V	0.1A	0～500V	0.1A	0～550V	0.1A

功耗限止电阻：0～0.5MΩ 分 11 挡，误差不超过±10%。

仪器面板结构如图 1-17 所示。

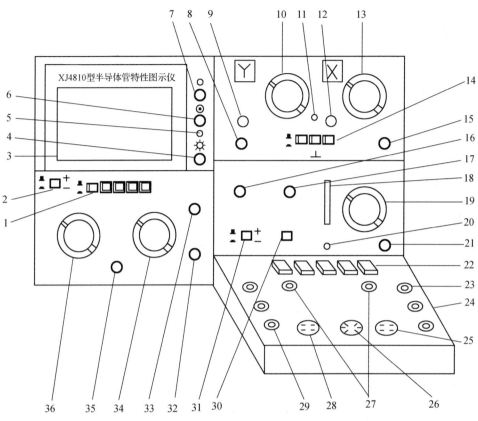

图 1-17　XJ4810 型半导体管特性图示仪面板结构示意图

如图 1-17 所示，各部件名称和作用说明如下。

1：峰值电压范围。分 0～10V/5A，0～50V/1A，0～100V/0.5A，0～500V/0.1A 四挡。当由低挡改换高挡，观察半导体器件的特性时，需将峰值电压控制旋钮调到 0，换挡后再按需要的电压逐渐增加，否则容易击穿半导体器件。AC 挡的设置是专为二极管或其他元件的测试提供双向扫描用的，以便同时显示器件正反向的特性曲线。

2：集电极电源极性按钮。可转换集电极电压正负极性，在进行 NPN 型、PNP 型半导体管的测试时，极性可按面板的指示选择。

3：显示屏。用来显示半导体器件的特性曲线，在示波管屏幕外装有刻度片。

4：电源开关及辉度调节旋钮。旋钮拉出，接通仪器电源，旋转旋钮可改变示波管光点亮度。

5：电源指示灯。接通电源时灯亮。

6：聚焦旋钮。调节该旋钮可使光点清晰。

7：辅助聚焦旋钮。与聚焦旋钮配合使用，使光点清晰。

8：垂直位移及电流/度倍率开关。调节扫描线在垂直方向的位移。旋钮拉出时放大器的增益扩大 10 倍，电流/度各挡的 IC 标称值×0.1，同时指示灯亮。

9：Y 轴增益。校正 Y 轴增益用。

10:Y 轴选择(电流/度)开关。具有 22 挡四种偏转作用的开关。可以进行集电极电流、基极电压、基极电流和外接四种功能的转换。

11:电流/度×0.1 倍率指示灯。灯亮表示仪器进入电流/度×0.1 倍工作状态。

12:X 轴增益。校正 X 轴增益用。

13:X 轴选择(电压/度)开关。可以进行集电极电压、基极电流、基极电压和外接四种功能的转换,共 17 挡。

显示开关分转换、接地、校准三挡,其作用是:

(1) 转换:使图像在Ⅰ、Ⅲ象限内相互转换,便于 NPN 管转测 PNP 管时简化测试操作。

(2) 接地:放大器输入接地,表示输入为零的基准点。

(3) 校准:按下校准键,光点在 X、Y 轴方向移动的距离刚好为 10 度,以达到 10 度校正目的。

15:X 轴位移。调节扫描线在水平方向的位移。

16:级/簇调节旋钮。可在 0~10 的范围内连续调节阶梯信号的级数。

17:调零旋钮。未测试前,应先调整阶梯信号起始级零电平的位置。当荧光屏上已经观察到基极阶梯信号后,按下测试台上选择按键的零电压按钮,观察光点在荧光屏上的位置,复位后调节调零旋钮,使阶梯信号的起始级光点仍在该处,这样阶梯信号的零电位即被准确校正。

18:串联电阻开关。当阶梯信号选择开关置于电压/级的位置时,串联电阻将串联在被测管的输入电路中。

19:阶梯信号(电压-电流/级)选择开关。可以调节每级的电流大小,电流流入被测管的基极,作为测试各种特性曲线的基极信号源,共 22 挡。一般选用基极电流/级,测试场效应管时可选基极源电压/级。

20:阶梯信号待触发指示灯。重复按键按下时灯亮,阶梯信号已进入待触发状态。

21:单簇按键开关。单簇按键开关的按动作用是使预先调整好的电压(电流)/级,在出现一次阶梯信号后回到等待触发位置,因此可利用它瞬间作用的特性来观察被测管的各种极限特性。

22:测试选择按键。

(1) "左""右"和"二簇":可以在测试时任选左右两个被测管的特性,当置于"二簇"时,通过电子开关自动地交替显示左右二簇特性曲线。使用时"级/簇"应置于适当位置,以利于观察。二簇特性曲线比较时,请勿误用单簇按键。

(2) "零电压"键:被测管未测之前,应先调整阶梯信号的起始级在零电平的位置。

(3) "零电流"键:按下零电流键时,被测半导体管的基极处于开路状态,就能测量 I_{CEO} 特性。

23、29:左右测试插座插孔:插上专用插座,可测试 F1、F2 型管座的功率晶体管。

24:测试台。

25、28:左右晶体管测试插座。

26:晶体管测试插座。

27：二极管反向漏电流专用插孔（接地端）。

30：重复-关按键。弹出为重复，阶梯信号重复出现，做正常测试。按下为关，阶梯信号处于待触发状态。

31：极性按键。极性的选择取决于被测晶体管的特性。

32：辅助电容平衡。针对集电极变压器次级绕组对地电容的不对称，再次进行电容平衡的调节。

33：电容平衡。由于集电极电流输出端对地的各种杂散电容的存在，将形成电容性电流，因而在电流取样电阻上产生电压降，造成测量误差，为了减小电容性电流，测试前应调节电容平衡，使容性电流减至最小状态。

34：功耗限制电阻。它串联在被测管的集电极电路上，以限制功耗，可作为被测半导体管集电极的负载电阻。

35：保险丝1.5A。

36：峰值电压。峰值电压控制旋钮可以在0～10V、0～50V、0～100V或0～500V之间连续变化，面板上的标称值作近似值使用，精确值应从X轴偏转灵敏度读出。

图1-18为二簇位移旋钮，图中各部件名称和作用说明如下。

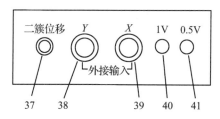

图1-18　二簇位移旋钮

37：二簇位移旋钮，在二簇显示时，可改变右簇曲线的位移，方便于配对晶体管各种参数的比较。位于仪器右侧板上。

38：Y轴选择开关置于外接时，Y轴信号由此输入。

39：X轴选择开关置于外接时，X轴信号由此输入。

40、41：1V、0.5V校准信号由此输出。

2. 使用方法

(1) 测试前注意事项。

① 要对被测管的主要直流参数有一个大概的了解和估计，特别要了解被测管的集电极最大允许耗散功率P_{CM}、最大允许电流I_{CM}和击穿电压BU_{CEO}、BU_{CBO}、BU_{EBO}。

② 选择好扫描和阶梯信号的极性，以适应不同管型和测试项目的需要。

③ 根据所测参数或被测管允许的集电极电压，选择合适的扫描电压范围，一般情况下，应先将峰值电压调至零，更改扫描电压范围时，也应先将峰值电压调至零。选择一定的功耗电阻，测试反向特性时，功耗电阻要选大一些，同时将X、Y偏转开关置于合适挡位。测试时扫描电压应从零逐渐调节到需要的值。

④ 对被测管进行必要的估算，以选择合适的阶梯电流或阶梯电压，一般先取小一点的阶梯电流或阶梯电压，然后再根据需要逐步加大。测试时不应超过被测管的集电极最大允许功耗。

⑤ 在进行 I_{CM} 的测试时，一般采用单簇为宜，以免损坏被测管。

⑥ 在进行 I_C 或 I_{CM} 的测试中，应根据集电极电压的实际情况，不应超过仪器规定的最大电流（表 1-5）。

表 1-5 最大电流对照表

电压范围	0~10V	0~50V	0~100V	0~500V
允许最大电流	5A	1A	0.5A	0.1A

进行高压测试时，应特别注意安全，电压应从零逐渐调节到需要值，测试完毕后，应立即将峰值电压调到零。

（2）测试步骤。

按下电源开关，指示灯亮，预热 15 分钟后开始测试。

调节辉度、聚焦及辅助聚焦，使光点清晰。将峰值电压旋钮调至零，峰值电压范围、极性、功耗电阻等开关置于测试所需位置。对 X、Y 轴放大器进行 10 度校准。方法为：先将光点移到屏幕左下角，然后按下显示开关的校准按键，此时光点应同时向上和向右移动 10 格，到达屏幕的右上角。

调节阶梯调零。选择需要的基极阶梯信号，将极性、串联电阻置于合适挡位，调节级/簇旋钮，使阶梯信号为 10 级/簇，阶梯信号按钮置于重复位置。

插上被测晶体管，缓慢地增大峰值电压，荧光屏上就显示出待测曲线。

（3）测试举例。

① 晶体三极管 h_{FE} 和 β 的测量（采用 NPN 型晶体管）。将光点移到荧光屏的左下角作为坐标零点，仪器的有关旋钮置于以下位置：

- 峰值电压范围：0~10V。
- 极性：＋。
- 功耗电阻：250Ω。
- X 轴集电极电压：1V/度。
- Y 轴集电极电流：1mA/度。
- 阶梯信号：重复。
- 阶梯极性：＋。
- 阶梯选择：10μA/度。

逐渐加大峰值电压直到在显示屏上看到一簇特性曲线（如图 1-19 所示）。读出 X 轴集电极电压 $U_{CE}=5V$ 时最上面的一条曲线的（每条曲线为 10μA，最下面一条 $I_B=0$ 不计在内）I_B 值和 I_C 值。则

$$h_{FE}=\frac{I_C}{I_B}=\frac{8.5\mathrm{mA}}{0.1\mathrm{mA}}=85$$

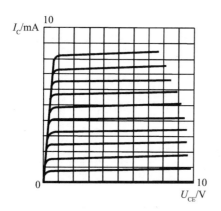
图 1-19　晶体三极管输出特性曲线

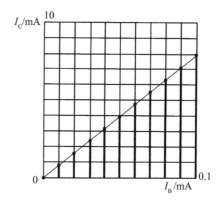
图 1-20　电流放大特性曲线

若把 X 轴选择开关放在基极电流位置,就可得到如图 1-20 所示的电流放大特性曲线。则

$$\beta = \frac{\Delta I_C}{\Delta I_B} = \frac{8\text{mA}}{0.1\text{mA}} = 80$$

当测量 PNP 型三极管的 h_{FE} 和 β 时,只需改变扫描电压极性、阶梯信号极性,并把光点移至荧光屏右上角,然后按上面的方法就可以进行测量了。

② 晶体管击穿电压的测试(采用 NPN 型晶体管)。测试时,仪器部件的位置详见表 1-6。

表 1-6　NPN 型晶体管击穿电压测试时仪器部件的位置

项目 位置部件	BU_{CBO}	BU_{CEO}
峰值电压范围	0～500V	0～100V
极性	+	+
X 轴集电极电压	20V/度	10V/度
Y 轴集电极电流	20μA/度	20μA/度
级/簇	置于 1	置于 1
阶梯选择	0.1mA	0.1mA
功耗限制电阻	1～5kΩ	1～5kΩ

首先按表 1-6 所提供的参数做好测试前的准备工作,然后逐步调高峰值电压。

测量 BU_{CBO} 时,被测管按图 1-21(a)连接,Y 轴 $I_C = 0.1$mA 时,X 轴的偏移量为 BU_{CBO};测量 BU_{CEO} 时,被测管按图 1-21(b)连接,Y 轴 $I_C = 0.2$mA 时,X 轴的偏移量为 BU_{CEO}。

测试曲线如图 1-22 所示,从图中可读出:

$$BU_{CBO} = 300\text{V}(I_C = 100\mu\text{A}), BU_{CEO} = 70\text{V}(I_C = 200\mu\text{A})$$

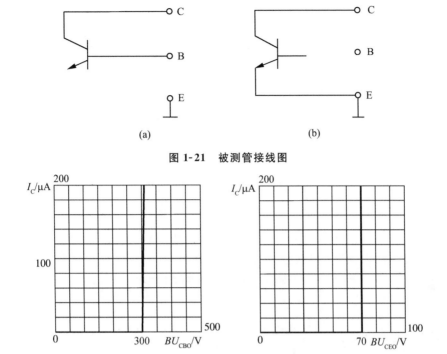

图 1-21 被测管接线图

图 1-22 反向击穿电压曲线图(NPN)

③ 场效应管的测试。

将被测管 S(E)、G(B)、D(C)分别插入测试插座的 E、B、C 插孔,按下被测管一方的测试选择按钮,根据被测管沟道的性质,选择扫描电压极性和阶梯信号极性。对于 N 沟道场效应管:扫描电压选"+",阶梯信号选"-"。对于 P 沟道场效应管:扫描电压选"-",阶梯信号选"+"。测试时,对于 N 沟道场效应管,应调节 X、Y 轴位移,使光点位于屏幕左下方零点位置;对于 P 沟道场效应管,应调节 X、Y 轴位移,使光点位于屏幕右上方零点位置。

下面以 N 沟道 3DJ6F 场效应管为例,说明场效应管的具体测试方法(如表 1-7 所示)。

表 1-7　3DJ6F 场效应管测试时仪器部件的位置

部　件	输出特性	转移特性
峰值电压范围	0～10V	0～10V
极性	+	+
功耗限止电阻	1kΩ	1kΩ
X 轴集电极电压	1V/度(实为 U_{DS} 值)	基极源电压
Y 轴集电极电流	0.2mA/度(实为 I_D 值)	0.1mA/度(实为 I_D 值)
重复-关开关	重复	重复
极性	−	−
阶梯信号选择开关	0.2V/级	0.2V/级

首先按表 1-7 提供的参数做好测试前的准备工作,然后缓慢调节峰值电压,荧光屏上就会显示出 I_{DS}-U_{DS} 曲线(如图 1-23 所示)。

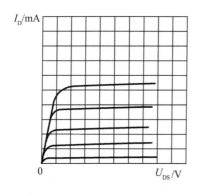 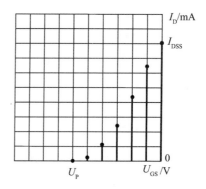

图 1-23　3DJ6F 的输出特性曲线　　图 1-24　3DJ6F 的传输特性曲线

如果要显示转移特性曲线（U_{GS}-I_D 曲线），只需将 X 轴选择开关旋转到基极源信号位置即可（曲线如图 1-24 所示），从曲线上可直接读出 U_P 和 I_{DSS} 的值。

④ 二簇特性曲线比较的测试（采用 NPN 型晶体管）。

表 1-8　NPN 型晶体管二簇特性曲线测试时仪器部件的位置

部件	位置
峰值	0～10V
极性	＋
功耗限制电阻	250Ω
X 轴集电极电压	1V/度
Y 轴集电极电压	1mA/度
重复-开关	重复
阶梯信号选择开关	10μA/级
极性	＋

测试时仪器部件的位置按表 1-6 放置。将被测的两只晶体管分别插入测试台左右插座内，然后按表 1-8 所示参数调整至理想位置。按下测试选择按钮的"二簇"按键，逐渐增大峰值电压，就可在荧光屏上显示出二簇特性曲线（如图 1-25 所示）。当测试的配对管要求较高时，可调节二簇位移旋钮，使右簇曲线向左移动，观察曲线的重合程度。

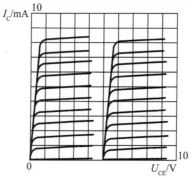

图 1-25　3DG6 二簇特性曲线

四、函数信号发生器

函数信号发生器能提供方波、三角波、正弦波、斜波、脉冲等波形,另有电压控制频率输入端(VCF)、可连续调整的直流补偿(DC Offset)以及 TTL/CMOS 脉冲波输出和计频器。计频器除了用来显示内部频率外,也可提供外部测试。

1. 主要技术指标

(1) 信号发生器部分。

① 频率范围:0.2Hz~2MHz(七个切换挡),6 位数字 LED 显示。

② 频率精确度:每刻度 5%。

③ 波形输出:正弦波、三角波、方波、斜波、脉冲波(TTL、CMOS)。

④ 输出振幅:>20V_{P-P}(不加载)、>10V_{P-P}(50Ω 负载)。

⑤ 衰减:20dB 衰减器一组及>30dB 的连续可调控制旋钮一只。

⑥ 直流偏置:连续可调,-10~10V(不加载),-5~5V(50Ω 负载)。

(2) 频率计部分。

频率精确度:时基精确度(1 位)。

频率范围:0.1Hz~10MHz。

分辨率:0.1Hz、1Hz、10Hz、100Hz。

① 最大输入电压:150V(DC+AC 峰值)。

② 输入阻抗:1MΩ。

③ 显示位数:六位数字(0.3 英寸红色 LED 显示)。

2. 面板图

GFG-8016 型函数信号发生器的面板如图 1-26 所示,面板说明如表 1-9 所示。

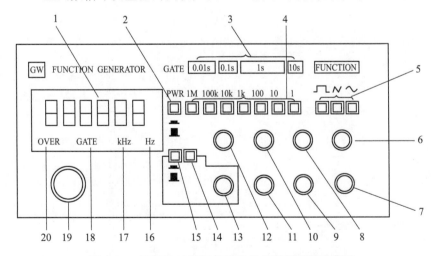

图 1-26　GFG-8016 型函数信号发生器的面板示意图

表 1-9 面板说明

号码	面板标示	名 称	作 用
1	数字 LED	计频显示用的 LED	显示内部产生的频率及外测时的频率,由六个红色 LED 显示。
2	PWR	电源开关	按下开关,机器开始工作,计频器的数字同时显示。
3	0.01s、0.1s、1s、10s(GATE)	计频器的 GATE TIME 选择	按下对应的 GATE TIME 按键,选择不同的计频速率及频率的分辨率。
4	1M、100k、10k、1k、100、10、1	频率选择范围	按下不同的按键选择信号发生器输出的频率范围,并由计频器显示频率的数值。
5	FUNCTION	波形输出选择	按下三只按键的任何一个,就输出相对应的信号波形。
6	AMPL −20dB	振幅输出调节旋钮及−20dB 开关	(1)调整输出振幅的大小,顺时针旋转时振幅增大,逆时针旋转时振幅减小。 (2)将此开关拉起,则输出振幅衰减 20dB。
7	OUTPUT 50Ω	信号输出端	所有信号都由此输出端输出,其输出阻抗为 50Ω。
8	TTL CMOS	TTL 及 CMOS 输出选择	(1)旋钮不拉起为固定的 TTL 信号输出。 (2)旋钮拉起则为可变电平的 CMOS 输出,输出电压为 5~15V。
9	OUTPUT TTL/CMOS	TTL 及 CMOS 输出端	由此 BNC 输出端可输出固定的 TTL 电平及可变电平的 CMOS 方波或脉冲。
10	OFFSET ADJ	直流偏置旋钮	拉起旋钮可设定任何波形的直流工作点,顺时针方向为正工作点,逆时针方向为负工作点,旋钮按下,则直流设定为零电位。
11	INPUT VCF	VCF 输入端	外加电压控制频率输入端,最大输入电压为 DC 15V。
12	DUTY INV	波形对称旋钮及反相开关	(1)调节此旋钮可改变波形的对称性,转至 CAL 位置则为对称性波形输出。 (2)将此开关拉起,则为反相输出。
13	INPUT COUNTER	外测频率输入	外测频率由此 BNC 输入,最高输入频率为 10MHz,输入信号的最大值为 AC 150V,输入阻抗为 1MΩ。
14	EXT INT	内/外测频率选择开关	当此按键开关按下时,供外测计频用,不按下时则为内部计频用。
15	1/10 1/1	外测频率输入衰减开关	当外测信号过大时,将此开关按下,输入信号将衰减 10 倍,以确保机器性能稳定。
16	Hz	赫兹频率指示单位	当按下 1、10、100 三挡的任一挡时,此 LED 亮。
17	kHz	千赫兹频率指示单位	当按下 1k、10k、100k、1M 四挡的任一挡时,此 LED 亮。
18	GATE	闸门时间指示	此灯闪烁表示计频器正在工作。当按下 GATE 0.01s、0.1s、1s、10s 中的一个按键时,闪烁速率对应于其选择的计频速率。
19	MULT	频率调整旋钮	用此旋钮可在设定的频率范围内调整至所需的频率,频率可由计频器读出。
20	OVER	频率溢位显示	频率超过六个 LED 显示范围时,此 LED 亮,通常作外测频率用。

3. 使用方法

（1）操作之前，首先把下列旋钮放在相应位置上。
- 频率操作范围：10kHz。
- 频率调整旋钮：2.0。
- 波形选择按键：三角波。
- 对称性（DUTY）旋钮：CAL。
- 振幅控制旋钮：顺时针旋转到底。
- 偏置（OFFSET）旋钮：不拉起状态。
- 衰减器：0dB。

（2）信号输出。

① 首先利用 BNT 线连接输出端到示波器输入端。

② 利用示波器观测函数发生器输出的三角波波形，切换 FUNCTION 功能选择键，选择正弦波和方波并观察示波器上的波形变化。

③ 示波器显示的波形峰-峰值 U_{P-P} 应大于 20V（如图 1-27～图 1-29 所示）。

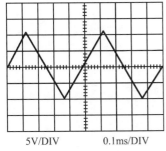
图 1-27　三角波波形

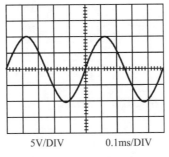
图 1-28　正弦波波形

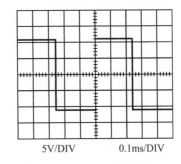
图 1-29　方波波形

（3）振幅控制。

① 振幅控制旋钮顺时针旋转到底时，输出最大，约为 $20V_{P-P}$（如图 1-30 所示）。

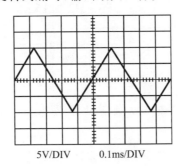
图 1-30　振幅输出约 $\geqslant 20V_{P-P}$

② 调节振幅控制旋钮，慢慢逆时针旋转，可从示波器上看到波形振幅渐渐减小，当逆时针旋转到底时，其衰减大约超过 30dB（如图 1-31 所示）。

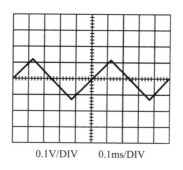

图 1-31 振幅超过 30dB

（4）衰减。

① 将振幅控制旋钮顺时针旋转到底（如图 1-32 所示）。

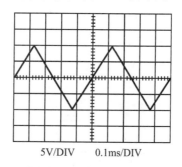

图 1-32 振幅控制旋钮顺时针旋转到底的波形

② 将振幅控制旋钮拉起，则可从示波器发现波形衰减为 $\frac{1}{10}$，$-20\mathrm{dB}$（如图 1-33 所示）。

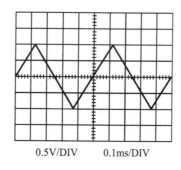

图 1-33 衰减为 $\frac{1}{10}$，$-20\mathrm{dB}$

③ 三角波、方波、正弦波均受控制。使用时，根据需要可调节信号振幅的大小。

（5）直流偏置。

① 首先将所有的控制键都还原到原来的设定位置，再将振幅控制旋钮逆时针转到底。

② 用示波器观测直流偏置的变化，输入波形为三角波。

③ 将 DC OFFSET 开关拉起。

④ 将直流偏置旋钮顺时针旋转，从示波器荧光屏上可发现直流偏置电压应大于 $+10\mathrm{V}$（如图 1-34 所示）。

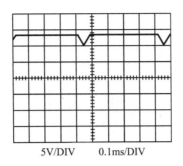

图 1-34 直流偏置电压大于 +10V

⑤ 将直流偏置旋钮逆时针旋转,同样发现上述情形,不过此时波形往下,直流偏置电压大于 −10V(如图 1-35 所示)。

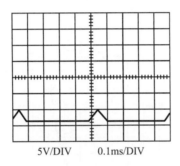

图 1-35 直流偏置电压大于 −10V

⑥ 直流偏置旋钮按下时,不影响输出波形的直流电位。

(6) 波形对称控制旋钮 DUTY 及反向开关控制。

① 将振幅输出调至最大,波形输出选择方波,用示波器观测波形。

② 将 DUTY 旋钮逆时针旋转到 CAL 位置,则输出波形是对称的。

③ 将 DUTY 旋钮顺时针旋转,则脉冲宽度会随着变化。

④ 当 DUTY 旋钮顺时针旋转到底时,其脉冲的占空比应超过 20∶1(如图 1-36 所示)。

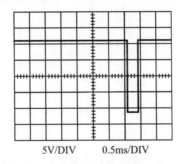

图 1-36 脉冲的占空比应超过 20∶1

⑤ 将输出信号改为正弦波或三角波,用示波器观测波形变化(如图 1-37、图 1-38 所示)。

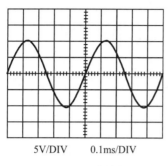

图 1-37　正弦波信号　　　　图 1-38　三角波信号

⑥ 将反相开关拉起,则脉冲波形将反向输出。

⑦ 从示波器上可观测到三角波及正弦波充放电波形的变化,而方波或脉冲波形则上下反向(如图 1-39～图 1-41 所示)。

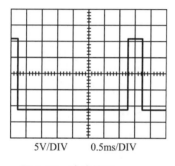 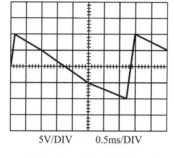 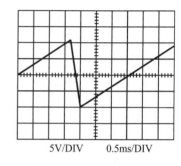

图 1-39　脉冲信号　　　　图 1-40　三角波信号(一)　　　　图 1-41　三角波信号(二)

(7) TTL/CMOS 输出。

① 将 BNC 线输出端移到 TTL/CMOS 输出端并连接到示波器输入端,可从示波器上观测到方波和脉冲波形的输出。

② 将 TTL/CMOS 旋钮按下时,输出为固定的方波,幅值大约为+4V(如图 1-42 所示)。

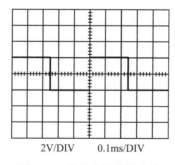

图 1-42　输出为固定的方波

③ 将 TTL/CMOS 旋钮拉起时,输出为可变的方波,将 TTL/CMOS 旋钮逆时针旋转到底时输出大约为+4V(如图 1-43 所示)。

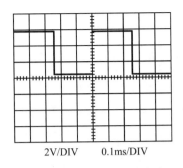

图 1-43 输出为可变的方波

④ 将 TTL/CMOS 旋钮顺时针旋转时,输出振幅将随着改变,DC 直流电位也跟着上移,当 TTL/CMOS 旋钮顺时针旋转到底时,输出振幅为+15V 的方波(如图 1-44 所示)。

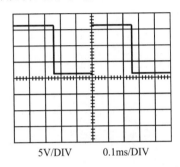

图 1-44 输出振幅为+15V 的方波

(8) 外测频率计数。

① 按下 EXT/INT 按键,频率范围选择切换到 1kHz。

② 从 INPUT COUNTER 输入一个频率<10MHz 的外加信号,计频器立即显示输入信号的频率。

③ 由操作者选择计频器的计数速度及其分辨率。

④ 当输入信号过大时,可将 1/10 按键按下,以衰减输入信号,保护内部电路。

(9) 输出信号频率调节。

① 调节波形输出选择按钮,选择所需要的波形,如选择正弦波。

② 调节频率范围选择按钮,选择所需要的频率范围,如选择"1k"。

③ 调节频率调整按钮,选择所需要的频率,频率可由计频器读出。

五、技能训练

1. 技能训练要求

(1) 根据课题的要求,按照电路图完成常用电子仪表、仪器的使用。

(2) 按照要求进行线路调试,并测定电压值。

(3) 时间:90 分钟。

2. 技能训练内容

(1) 万用表的使用。

(2) 函数信号发生器的使用。

(3) 示波器的使用。

(4) 半导体管特性图示仪的使用。

3. 技能训练使用的仪表、仪器明细表(如表 1-10 所示)

表 1-10　仪表、仪器明细表

序号	名称	型号与规格	件数
1	指针万用表	MF47	1
2	数字式万用表	UT58D	1
3	示波器	YB43020	1
4	半导体管特性图示仪	XJ4810	1
5	函数信号发生器	GFG-8016	1
6	交流调压器	0～250V	1
7	直流稳压电源	0～30V	1

4. 技能训练步骤

(1) 万用表的测量。

① 交流调压器输出电压_____V 时，实测电压_____。

② 直流稳压电源输出电压_____V 时，实测电压_____。

(2) 函数信号发生器、示波器的测量。

① 函数信号发生器的输出为____波，输出电压_____V 时，用示波器进行测量并在波形图(图 1-45)中标出波形幅度及周期。

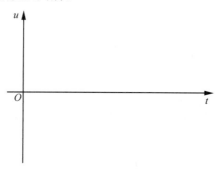

图 1-45　波形图(一)

② 直流稳压电源输出电压_____V 时，用示波器进行测量并在波形图(图 1-46)中标出波形幅度。

图 1-46　波形图(二)

(3) 用半导体管特性图示仪测量晶体管元件。

① 当 $U_{CE}=6V$、$I_C=1mA$ 时,测晶体管的 β 值。

② 当 $I_{CEO}=0.2mA$ 时,测晶体管的 U_{CEO}。

5. 技能评分标准(如表1-11所示)

表1-11 技能评分标准

课题名称		常用电子仪器、仪表的使用	额定时间	90分钟
课题要求	配分	评 分 细 则		得分
万用表的测量	20	万用表的测量完全正确,不扣分		
		万用表测量错1~2处,扣7分		
		万用表测量错3~4处,扣12分		
		不会使用万用表,扣20分		
函数信号发生器的使用	20	函数信号发生器的使用完全正确,不扣分		
		函数信号发生器的使用错1~2处,扣7分		
		函数信号发生器的使用错3~4处,扣12分		
		不会使用函数信号发生器,扣20分		
示波器的测量	30	示波器的测量完全正确,不扣分		
		示波器测量错1~2处,扣7分		
		示波器测量错3~4处,扣12分		
		不会使用示波器,扣30分		
半导体管特性图示仪的测量	20	半导体管特性图示仪测量完全正确,不扣分		
		半导体管特性图示仪测量错1~2处,扣7分		
		半导体管特性图示仪测量错3~4处,扣12分		
		不会使用半导体管特性图示仪,扣20分		
安全生产,无事故发生	10	安全文明生产,符合操作规程,不扣分		
		经提示后能规范操作,扣5分		
		不能文明生产,不符合操作规程,扣10分		

评分教师: 日期:

课题二　电子元件的选择与应用

【教学目的】

(1) 理解和掌握常用电子元件图形符号、技术指标。
(2) 掌握用万用表测试电子元件的方法。
(3) 掌握电子元件选择的方法。

【任务分析】

了解常用电子元件图形符号、技术指标,掌握使用万用表测试电子元件的方法,能根据电路要求合理选择电子元件。

一、电阻

我们日常生活中的许多电子产品中都有电阻,只是有的非常大,有的很小。这里我们说的电阻是电子器件中的电阻器,只是人们常把电阻器简称为电阻(以下简称为电阻)。电阻几乎是任何一个电子线路中不可缺少的器件,顾名思义,电阻的作用是阻碍电子。在电路中,电阻的主要作用是缓冲、负载、分压分流、保护等。

衡量电阻的两个最基本的参数是阻值和功率。阻值用来表示电阻对电流阻碍作用的大小,用欧姆(Ω)表示,除基本单位外,还有千欧和兆欧。由功率可得出电阻所能承受的最大电流,功率用瓦特(W)表示,超过这一最大值,电阻就会被烧坏。

1. 电阻的分类

(1) 按阻值可否调节分。

可分为固定电阻器、可变电阻器两大类。固定电阻器是指电阻值不能调节的电阻器;可变电阻器是指阻值在某个范围内可调节的电阻器,如电位器。

(2) 按制造材料分。

可分为碳膜电阻、金属膜电阻、线绕电阻等。

(3) 按安装方式分。

可分为插件电阻、贴片电阻。

(4) 按用途分。

可分为通用型、高阻型、高压型、高频无感型等。

2. 电阻文字图形符号(如图2-1所示)

图2-1　电阻的文字图形符号

3. 电阻的主要参数

(1) 标称阻值。标称在电阻上的电阻值称为标称值,单位有Ω、kΩ、MΩ。标称值是根据国家制定的标准系列标注的,不是生产者任意标定的。不是所有阻值的电阻都有标称值。

(2) 允许误差。电阻的实际阻值相对于标称值的最大允许偏差范围称为允许误差。误差代码为F、G、J、K……

(3) 额定功率。指在规定的环境温度下,假设周围空气不流通,在长期连续工作而不损坏或基本不改变电阻性能的情况下,电阻上允许的消耗功率。常见的有1/16W、1/8W、1/4W、1/2W、1W、2W、5W、10W。

4. 阻值和误差的标注

(1) 直标法。将电阻的主要参数和技术性能用数字或字母直接标注在电阻体上。

例如：5.1kΩ　5%、5.1kΩ　J。

(2) 文字符号法。将文字、数字两者有规律地组合起来表示电阻的主要参数。

例如：0.1Ω=Ω1=0R1、3.3Ω=3Ω3=3R3、3k3=3.3kΩ。

(3) 色标法。用不同颜色的色环来表示电阻的阻值及误差等级。普通电阻一般用四环表示(如图2-2所示),精密电阻用五环所示(如图2-3所示)。

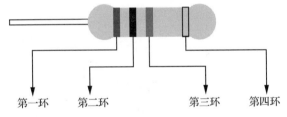

第一环颜色表示第一位数字　　　　棕色　　1
第二环颜色表示第二位数字　　　　黑色　　0
第三环颜色表示乘数　　　　　　　红色　　100
第四环颜色表示电阻值允许误差　　金色　　±5%

四环电阻一般是普通电阻,由图中四个环的颜色可得电阻值为1kΩ±5%。

因表示误差的色环只有金色或银色,色环中的金色环或银色环一定是第四环。

图2-2　四环电阻

色环电阻的规则是最后一圈代表误差,对于四环电阻,前二环代表有效值,第三环代表乘上的次方数。读数方法为：面对一个色环电阻,找出金色或银色的一端,并将它朝下,从上开始读色环。例如,如图2-2所示,第一环是棕色的,第二环是黑色的,第三环是红色的,第四环是金色的,那么从第一环和第二环读出电阻值是10。第三环是添零的个数,这个电阻添2个零,所以它的实际阻值是1000Ω,即1kΩ。

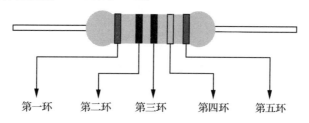

| | | 第一环 | 第二环 | 第三环 | 第四环 | 第五环 |

第一环颜色表示第一位数字　　　　　　红色　2
第二环颜色表示第二位数字　　　　　　黑色　0
第三环颜色表示第三位数字　　　　　　黑色　0
第四环颜色表示乘数　　　　　　　　　橙色　1000
第五环颜色表示电阻值允许误差　　　　棕色　±1%
五环电阻一般是精密电阻,由图中五个环的颜色可得电阻值为200kΩ±1%。

图 2-3　五环电阻

一般电阻范围是0~10MΩ,如果我们读出的阻值超过这个范围,可能是第一环选错了。如图2-3所示,表示误差的色环颜色有银、金、紫、蓝、绿、红、棕。如果靠近电阻端部的色环不是误差颜色,则可确定为第一环。

色环颜色所代表的数字或意义如表2-1所示。

表 2-1　色环对照表

色别	第一环色环 最大一位数字	第二环色环 第二位数字	第三环色环 应乘的数	第四环色环 误差
棕	1	1	10	±1%
红	2	2	100	±2%
橙	3	3	1000	
黄	4	4	10000	
绿	5	5	100000	±0.5%
蓝	6	6	1000000	±0.25%
紫	7	7	10000000	±0.1%
灰	8	8	100000000	+20%~+50%
白	9	9	1000000000	
黑	0	0	1	
金			0.1	±5%
银			0.01	±10%
无色				±20%

(4) 贴片电阻标注方法。前两位表示有效数,第三位表示有效值后加零的个数。当电阻小于10Ω时,在代码中用R表示电阻值小数点的位置。

例如：471＝470Ω，105＝1MΩ，2R2＝2.2Ω。

5. 常用电阻的种类

(1) 线绕电阻(实物外形如图 2-4 所示)。

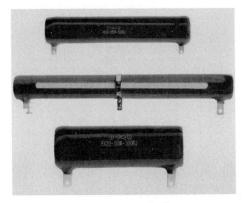

图 2-4　线绕电阻

线绕电组是将电阻线绕在无性耐热瓷体上，表面涂以耐热、耐湿、无腐蚀性的不燃性保护涂料而成。其特点是耐热性优、温度系数小、质轻、耐短时间过负载、低杂音、阻值经年变化小；优点是功率大；缺点是有电感、体积大，不宜做成阻值较大的电阻。

(2) 碳膜电阻(实物外形如图 2-5 所示)。

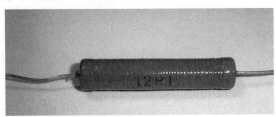

图 2-5　碳膜电阻

碳膜电阻的制作方法是将气态碳氢化合物在高温和真空中分解，碳沉积在瓷棒或者瓷管上，形成一层结晶碳膜。改变碳膜厚度和用刻槽的方法变更碳膜的长度，可以得到不同的阻值。碳膜电阻成本较低，性能一般。

(3) 金属膜电阻(实物外形如图 2-6 所示)。

金属膜电阻的制作方法是在真空中加热合金，合金蒸发，使瓷棒表面形成一层导电金属膜。刻槽和改变金属膜厚度可以控制阻值。和碳膜电阻相比，这种电阻体积小、噪声低、稳定性好，但成本较高。

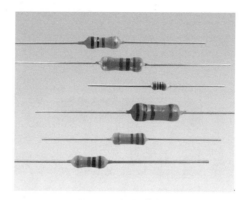

图 2-6 金属膜电阻

(4) 碳质电阻。

碳质电阻是把炭黑、树脂、黏土等的混合物压制后经过热处理制成。电阻上用色环表示其阻值。这种电阻成本低、阻值范围宽,但性能差,很少采用。

(5) 水泥型电阻(实物外形如图 2-7 所示)。

图 2-7 水泥型电阻

水泥型电阻是把电阻体放入方形瓷器框内,用特殊不燃性耐热水泥充填密封而成。这种电阻器的特点是耐高功率、散热容易、稳定性高;优点是功率大;缺点是有电感、体积大,不宜做成阻值较大的电阻。

(6) 压敏电阻(实物外形如图 2-8 所示)。

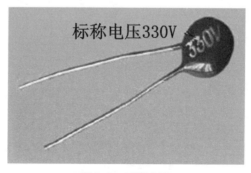

图 2-8 压敏电阻

压敏电阻只将它的额定电压标注在其表面上,并没有将它的阻值标注出来。

(7) 热敏电阻器(实物外形如图 2-9 所示)。

热敏电阻是电阻值对温度极为敏感的一种电阻,也叫半导体热敏电阻,它可由单晶、多晶以及玻璃、塑料等半导体材料制成。

图 2-9　热敏电阻

（8）光敏电阻（实物外形如图 2-10 所示）。

图 2-10　光敏电阻

光敏电阻是利用半导体的光电效应制成的一种电阻值随入射光的强弱而改变的电阻。入射光强，电阻减小；入射光弱，电阻增大。光敏电阻一般用于光的测量、光的控制和光电转换（将光的变化转换为电的变化）。如果把光敏电阻的两个引脚接在万用表的表笔上，用万用表的 $R×1k$ 挡测量在不同的光照下光敏电阻的阻值，将光敏电阻从较暗的抽屉里移到阳光下或灯光上，万用表读数将会发生变化。在完全黑暗处，光敏电阻的阻值可达几兆欧（万用表指示电阻为无穷大）；而在较强光线下，阻值可降到几千欧甚至 $1kΩ$ 以下。

6. 可变电阻

可变电阻又称为电位器，实物外形如图 2-11 所示。可变电阻有三个引脚，其中两个引脚之间的电阻值固定，将该电阻值称为这个可变电阻的阻值。第三个引脚与任两个引脚间的电阻值可以随着轴臂的旋转而改变。这样，可以通过调节电路中的电压或电流，达到调节电阻值的效果。

图 2-11　可变电阻

检查可变电阻(电位器)时,首先要转动旋柄,看看旋柄转动是否平滑,开关是否灵活,开关通、断时"咔哒"声是否清脆,并听一听电位器内部接触点和电阻体摩擦的声音,如有"沙沙"声,说明质量不好。用万用表测试时,先根据被测电位器阻值的大小,选择好万用表的合适电阻挡位,然后可按下述方法进行检测。

(1) 用万用表的欧姆挡测可变电阻外侧两端,其读数应为电位器的标称阻值,如万用表的指针不动或阻值相差很多,则表明该电位器已损坏。

(2) 检测电位器的活动臂与电阻片的接触是否良好。用万用表的欧姆挡测电位器两端,将电位器的转轴按逆时针方向旋至接近"关"的位置,这时电阻值越小越好。再顺时针慢慢旋转轴柄,电阻值应逐渐增大,表头中的指针应平稳移动。当轴柄旋至极端位置时,阻值应接近电位器的标称值。如万用表的指针在电位器的轴柄转动过程中有跳动现象,说明活动触点有接触不良的故障。

二、电容

电容由两个金属电极中间夹一层绝缘介质构成。电容是一种储能元件,当在两极间加上电压时,电极上便会储存电荷,电容量是电容储存电荷多少的一个量值。在电路中电容有调谐、滤波、耦合、隔直、交流旁路和能量转换的作用。

1. 电容的分类

(1) 按介质分为空气介质电容、纸质电容、有机薄膜电容、瓷介质电容、云母电容、电解电容等。

(2) 按结构分为固定电容、半可变电容、可变电容。

(3) 按安装方式分为插件电容、贴片电容。

2. 文字图形符号(如图 2-12 所示)

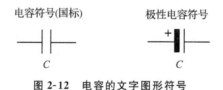

图 2-12 电容的文字图形符号

3. 电容的主要参数

(1) 标称容量。

标称在电容器上的容量称为标称容量,单位为法拉(F)。常用单位有微法(μF)、纳法(nF)、皮法(pF)。换算关系如下:

1 法拉(F) = 1000000 微法(μF)

$1\mu F$ = 1000 纳法(nF) = 1000000 皮法(pF)

(2) 允许误差。

电容的实际容量相对于标称值的最大允许偏差范围称为允许误差。

(3) 额定电压。

指电容器在规定的工作温度范围内,长期可靠工作所能承受的最高电压。常用的固定电容工作电压有 6.3V、10V、16V、25V、50V、63V、100V、250V、400V、500V、630V、1000V 等。

(4) 绝缘电阻。

即电容两极之间的电阻,又叫漏电电阻。理想的电容器的绝缘电阻为无穷大,实际达不到无穷大。电容绝缘电阻越大,表明质量越好。

4. 容量和误差的标注方法

(1) 直标法。

即在电容器的表面直接用数字或字母标注出标称容量、额定电压、环境温度等参数。

(2) 数字和文字标注法。

用 2~4 位数字和一个字母混合后表示电容器的容量大小。数字表示有效数值,字母表示数量级。常用字母有 m、μ、n、p 等。

(3) 三位数字表示法。

前两位为有效数字,第三位表示有效数字后面加零个数,但如果第三位数字为9,则表示用有效数字乘0.1,单位为皮法(pF)。

(4) 四位数字表示法。

用 1~4 位数字表示电容器容量,单位为 pF。如果用零点几表示容量时,单位为 μF。例如:3300=3300pF,0.056=0.056μF。

(5) 色标法(同电阻标法)。

5. 误差代码及额定电压代码(如表 2-2 所示)

表 2-2 误差代码及额定电压代码

误差范围		额定电压			
记号	误差范围/%	记号	电压/V	记号	电压/V
B	±0.1	0G	4	2Q	110
C	±0.25	0L	5.5	2B	125
D	±0.5	0J	6.3	2C	160
F	±1.0	1A	10	2Z	180
G	±2.0	1C	16	2P	200
H	±50	1E	25	2E	220
J	±5.0	1V	35	2F	250
K	±10	1H	50	2V	315
L	±15	1J	63	2G	350
M	±20	1K	80	W6	400
N	±30	2A	100	2W	420
Q	−20~+30			2H	450
T	−20~+50			2L	550
Z	−20~+80				

6. 常用电容的种类

(1) 纸介电容。

用两片金属箔作电极,夹在极薄的电容纸中,卷成圆柱形或者扁柱形芯子,然后密封在金属壳或者绝缘材料(如火漆、陶瓷、玻璃釉等)壳中制成。它的特点是体积较小,容量可以做得较大。但是其固有电感和损耗都比较大,用于低频比较合适。

(2) 金属化纸介电容。

其结构和纸介电容基本相同。它在电容器纸上覆上一层金属膜来代替金属箔,体积小,容量较大,一般用在低频电路中。

(3) 油浸纸介电容。

即把纸介电容浸在经过特别处理的油里,这样能增强其耐压性。它的特点是电容量大、耐压高,但是体积较大。

(4) 陶瓷电容。

用陶瓷作介质,在陶瓷基体两面喷涂银层,然后烧成银质薄膜作极板制成。它的特点是体积小、耐热性好、损耗小、绝缘电阻高,但其容量小,宜用于高频电路。铁电陶瓷电容容量较大,但是损耗和温度系数较大,宜用于低频电路。

(5) 薄膜电容。

结构和纸介电容相同,介质是涤纶或者聚苯乙烯。涤纶薄膜电容的介电常数较高、体积小、容量大、稳定性较好,适于作旁路电容。

聚苯乙烯薄膜电容介质损耗小、绝缘电阻高,但是其温度系数大,可用于高频电路。

(6) 云母电容。

用金属箔或者在云母片上喷涂银层作电极板,极板和云母一层一层叠合后,再压铸在胶木粉或封固在环氧树脂中制成云母电容。它的特点是介质损耗小、绝缘电阻大、温度系数小,宜用于高频电路。

(7) 电解电容。

电解电容由铝圆筒作负极,里面装有液体电解质,插入一片弯曲的铝带作正极制成。还需要经过直流电压处理,使正极片上形成一层氧化膜作介质,实物外形如图 2-13 所示。电解电容的特点是容量大,但是其漏电大、误差大、稳定性差,常用于交流旁路和滤波,在要求不高时也用于信号耦合。电解电容有正、负极之分,使用时不能接反。

图 2-13 电解电容

(8) 可变电容。

可变电容用金属钽或铌作正极,用稀硫酸等配液作负极,用钽或铌表面生成的氧化膜作介质制成,实物外形如图 2-14 所示。其特点是体积小、容量大、性能稳定、寿命长、绝缘电阻大、温度特性好,用在要求较高的设备中。

图 2-14 可变电容

三、二极管

1. 二极管的特性

半导体二极管在许多的电路中起着重要的作用,它是诞生最早的半导体器件之一,其应用也非常广泛。二极管最重要的特性就是单向导电性。在电路中,电流只能从二极管的正极流入,负极流出。二极管的文字代号用 V(或 VD)表示,如图 2-15 所示。

图 2-15 二极管的文字图形符号

二极管的伏安特性如图 2-16 所示,在正向电压的作用下,二极管导通电阻很小,而在反向电压作用下其导通电阻极大或无穷大。

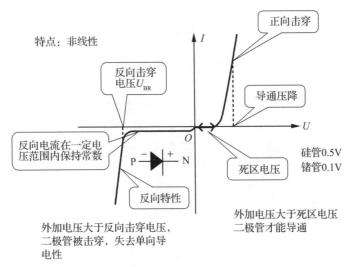

图 2-16 二极管伏安特性

2. 二极管的主要参数

(1) 最高工作频率 F_M。

即二极管能承受的最高频率。通过 PN 结的交流电频率高于此值,二极管不能正常工作。

(2) 最高反向工作电压 V_{RM}(V)。

即二极管长期正常工作时所允许的最高反压。若高于此值,PN 结就有被击穿的可能,对于交流电来说,最高反向工作电压也就是二极管的最高工作电压。

(3) 最大整流电流 I_{OM}(mA)。

二极管能长期正常工作时的最大正向电流。因为电流通过二极管时二极管要发热,如果正向电流高于此值,二极管就会有烧坏的危险。所以用二极管整流时,流过二极管的正向电流(既输出直流)不允许超过最大整流电流。

3. 二极管的分类

(1) 按材料分。

锗二极管,导通电压为 0.2~0.3V;硅二极管,导通电压为 0.6~0.8V。

当正向电压超过某一数值后,二极管导通,正向电流随外加电压的增加迅速增大,该电压称为导通电压。

(2) 按结构分。

分为点接触型、面接触型、平面型三种,结构示意图如图 2-17 所示。

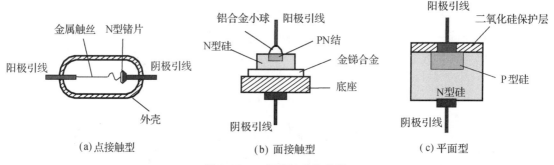

图 2-17 二极管按结构分类

点接触型二极管的结面积小、结电容小、正向电流小,用于检波和变频等高频电路。

面接触型二极管的 PN 结面积较大,允许通过较大的电流(几安培到几十安培),主要用于把交流电变换成直流电的整流电路中。

平面型二极管是一种特制的硅二极管,它不仅能通过较大的电流,而且性能稳定可靠,多用于开关、脉冲及高频电路中。

(3) 按作用分。

分为整流二极管、稳压二极管、开关二极管、发光二极管、光敏二极管等。

4. 常用二极管工作原理与文字图形符号识别

(1) 整流二极管。

利用二极管单向导电性,可以把方向交替变化的交流电变换成单一方向的脉动直流电。将交流电源整流成为直流电流的二极管叫作整流二极管,它是面接触型的功率器件,因结电容大,故工作频率低。

通常,I_F 在 1A 以上的二极管采用金属壳封装,以利于散热,实物外形如图 2-18 所示。

图 2-18　金属壳封装的二极管

I_F 在 1A 以下的二极管采用全塑料同轴封装,实物外形如图 2-19 所示。同轴封装二极管通常标有极性色环,一般标有色环的一端为阴极,另一端则为阳极。由于近代工艺技术不断提高,出现了不少较大功率的二极管,也采用塑封形式。

图 2-19　同轴封装的整流二极管

(2) 稳压二极管。

稳压二极管是由硅材料制成的面结合型晶体二极管,它利用 PN 结反向击穿时的电压基本上不随电流的变化而变化的特点来达到稳压的目的,因为它能在电路中起稳压作用,故称为稳压二极管(简称稳压管)。稳压二极管的文字代号为 V(或 VD),如图 2-20 所示。

图 2-20　稳压二极管的文字图形符号

通常在同轴封装的稳压二极管的外壳上标有极性色环,一般标有色环的一端为阴极,另一端则为阳极,其实物外形如图 2-21 所示。

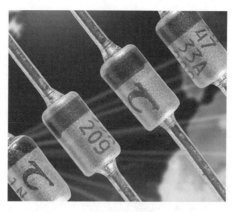

图 2-21　同轴封装的稳压二极管

(3) 发光二极管。

发光二极管是一种将电信号转换成光信号的半导体器件,具有单向导电性,正向导通时能发光。发光二极管的文字代号为 V(或 VD),文字图形符号如图 2-22 所示。

图 2-22　发光二极管文字图形符号

发光二极管的发光管发光颜色有红色、白色、绿色(又细分为黄绿、标准绿和纯绿)、蓝色等,外形分为多种,实物外形如图 2-23 所示。根据发光二极管出光处掺或不掺散射剂、有色还是无色,上述各种颜色的发光二极管还可分成有色透明、无色透明、有色散射和无色散射四种类型。

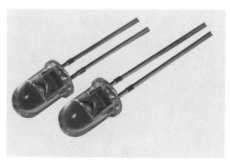

图 2-23　发光二极管

四、电源变压器

变压器在电子线路中降低电源电压或升高电压,起隔离作用,典型 50Hz 工频降压小功率电源变压器的实物外形如图 2-24 所示。

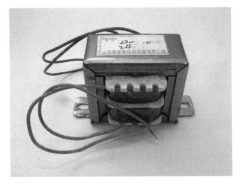

图 2-24 电源变压器

五、晶体三极管

1. 三极管的特性

半导体三极管也称双极型晶体管,简称三极管,是一种电流控制的半导体器件。三极管是电子装置中的重要元件,可把微弱信号放大成幅值较大的电信号,也用作无触点开关,它的质量优劣直接关系到系统工作的可靠性和稳定性。

二极管是由一个 PN 结构成的,而三极管由两个 PN 结构成,共用的一个电极成为三极管的基极(用字母 B 表示)。其他的两个电极成为集电极(用字母 C 表示)和发射极(用字母 E 表示)。由于不同的组合方式,形成了 NPN 型和 PNP 型两种三极管。晶体三极管的结构如图 2-25 所示。

图 2-25 晶体三极管结构

晶体三极管有 NPN 型和 PNP 型两种类型,它的文字代号为 V,文字图形符号如图 2-26 所示。三极管的电路符号有两种:有一个箭头的电极是发射极,箭头朝外的是 NPN 型三极管,箭头朝内的是 PNP 型。箭头所指的方向是电流的方向。

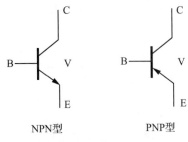

图 2-26 三极管文字图形符号

2. 三极管的分类

（1）按材质分：硅管、锗管。

（2）按结构分：NPN、PNP。

（3）按功能分：开关管、功率管、达林顿管等。

3. 三极管的主要参数

（1）特征频率 f_T：当 $f=f_T$ 时，三极管完全失去电流放大功能；如果工作频率大于 f_T，电路将不能正常工作。

（2）工作电压/电流：用这个参数可以指定该管的电压、电流范围。

（3）h_{FE}：电流放大倍数。

（4）V_{CEO}：集电极发射极反向击穿电压，表示临界饱和时的饱和电压。

（5）P_{CM}：最大允许耗散功率。

（6）封装形式：指定该管的外观形状，如果其他参数都正确，封装形式有误将导致组件无法正常工作。

电子电路中常用的三极管为90系列，包括低频小功率硅管9013（NPN）、9012（PNP），低噪声管9014（NPN），高频小功率管9018（NPN）等。它们的型号一般都标在塑壳上，而封装形式都一样，都是TO-92标准DIP双列直插式封装，外形如图2-27所示。在老式的电子产品中还能见到3DG6（低频小功率硅管）、3AX31（低频小功率锗管）、3AD、3DD系列（大功率管）等，它们的型号也都印在金属的外壳上。

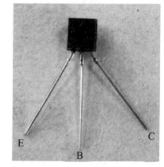

图2-27 三极管外形封装

六、保险电阻

保险电阻在电路图中起着保险丝和电阻的双重作用，主要应用在电源电路输出和二次电源的输出电路中。它们一般以低阻值（几欧姆至几十欧姆）、小功率（1/8～1W）为多，其功能就是在过流时及时熔断，保护电路中的其他元件免遭损坏。在电路负载发生短路故障、出现过流时，保险电阻的温度在很短的时间内就会升高到500℃～600℃，这时电阻层便受热剥落而熔断，起到保险的作用，达到提高整机安全性的目的。尽管保险电阻在电源电路中应用比较广泛，但各国家和厂家在电路图中的标注方法却各不相同，各公司对保险电阻在电路图中的画法如图2-28所示。

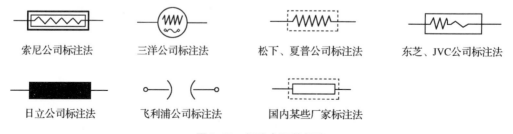

图2-28 保险电阻的标注

保险电阻与一般电阻的标注明显不同,这在电路图中很容易判断。保险电阻一般应用于电源电路的电流容量较大时或二次电源产生的低压、高压电路中。保险电阻上面只有一个色环,色环的颜色表示阻值。在电路中保险电阻以长脚焊接在电路板上(一般电阻紧贴电路板焊接),与电路板距离较远,以便于散热和区分。

七、电子元件检测步骤

1. 固定电阻器的检测方法

(1) 根据电阻器上的色环标识或文字标识,便能读出该电阻器的标称阻值。

(2) 将万用表的挡位调整至欧姆挡,根据电阻器的标称阻值,将量程调整到合适位置,操作方法如图 2-29 所示。

图 2-29　万用表的挡位调整

(3) 指针式万用表使用前必须短接红、黑表笔进行零欧姆校正(调零校正),操作方法如图 2-30 所示。数字式万用表使用前不用进行零欧姆校正。

图 2-30　指针式万用表欧姆挡使用前零欧姆校正

(4) 电阻器的引脚是无极性的,将万用表的红、黑表笔分别搭在待测电阻器两端的引脚上,观察万用表的读数变化,并与电阻器自身的标称阻值进行对照。如果二者相近(在允许误差范围内),则表明电阻器正常;如果所测的阻值与标称阻值的差距较大,则说明电阻器不良,操作方法如图2-31所示。

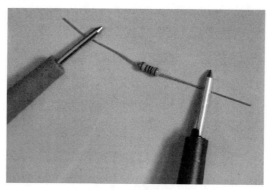

图 2-31　万用表实测电阻

要注意的是,无论是使用指针式万用表还是数字式万用表,在设置量程时要尽量选择与测量值相近的量程以保证测量值准确。如果设置的量程范围与待测值之间相差过大,则不容易测出准确值,这在测量时要特别注意。

2. 电容器的性能检测

检测电容器的好坏可用指针式万用表的电阻挡进行。检测时,根据电容器容量的大小选择电阻挡位。测量电容器的大致容量可选用数字式万用表,如果需要精确测量电容器的容量值,应使用专用电容测试仪。

(1) 使用指针式万用表检测固定电容器的方法。

① 将待测普通固定电容器从电路板上卸下,并去除两端引脚上的污物,以确保测量时的准确性。

② 将指针式万用表调至欧姆挡,通常对于小于 $1\mu F$ 普通固定电容器的测量可选用 $R\times 10k$ 挡,$100\mu F$ 以上的电容器可选择 $R\times 100$ 挡,$1\sim 100\mu F$ 的电容器用 $R\times 10$ 挡。在检测之前,要对待测电解电容进行放电,以免电解电容中存有残留电荷而影响检测结果。对电解电容放电可选用阻值较小的电阻,将电阻的引脚与电容的引脚相连即可。

③ 将红、黑表笔任意搭在电容器两端的引脚上,若在表笔接通的瞬间可以看到指针有一个小的摆动后又回到无穷大处,可以断定该电容器正常;若在表笔接通的瞬间看到指针有一个很大的摆动且不回到无穷大处,可以断定该电容器已击穿或严重漏电;若表盘指针几乎没有摆动,可以断定该电容器已开路。

(2) 使用数字式万用表检测固定电容器的方法。

① 用数字式万用表二极管挡进行检测。将万用表红表笔接负极,黑表笔接正极,在刚接触的瞬间,万用表显示从"1"到数字跳动,再到"1"。

② 利用对电解电容进行正、反向充电的方法进行检测。

③ 使用数字式万用表电容量程检测电容器容量。

3. 普通二极管的检测

二极管的极性通常在管壳上会标记,如无标记,可通过用指针式万用表电阻挡测量其正反向电阻来判断(一般用 $R\times100$ 或 $R\times1k$ 挡)。具体操作方法如图 2-32 所示。

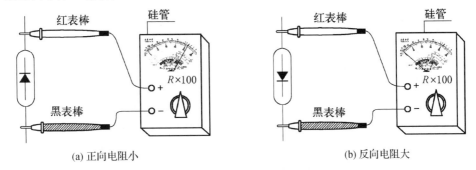

图 2-32　用指针式万用表检测普通二极管的性能

用数字式万用表置位二极管挡进行检测的操作方法如图 2-33 所示。

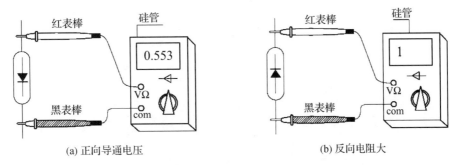

图 2-33　用数字式万用表检测二极管、稳压管的性能

4. 普通发光二极管的检测

(1) 用指针式万用表检测。

利用具有 $R\times10k\Omega$ 挡的指针式万用表可以大致判断发光二极管的好坏。正常时，二极管正向电阻阻值为几十欧至 $200k\Omega$，反向电阻的值为无穷大。如果正向电阻值为 0 或为无穷大，反向电阻值很小或为 0，则为损坏。这种检测方法不一定能直接看到发光管的发光情况，因为 $R\times10k\Omega$ 挡不能向 LED 提供较大正向电流。

(2) 外接电源检测。

用 3V 稳压源或两节串联的 1.5V 电池可以较准确地检测发光二极管的光、电特性。如果发光则正常，不正常发光说明发光二极管已损坏。

5. 中、小功率三极管的检测

(1) 用指针式万用表电阻挡测量其正反向电阻来判断(一般用 $R\times100$ 或 $R\times1k$ 挡)。

① PNP 型三极管。

a. 红表棒接 B 极，黑表棒分别接 E、C 极，万用表指针右偏，阻值应为几百欧或几千欧(导通)。

b. 黑表棒接 B 极，红表棒分别接 E、C 极，万用表指针不动(截止)。

c. E、C 极正反向截止。

② NPN 型三极管。

a. 红表棒接 B 极,黑表棒分别接 E、C 极,万用表指针不动(截止)。

b. 黑表棒接 B 极,红表棒分别接 E、C 极,万用表指针右偏,阻值应为几百欧或几千欧(导通)。

c. E、C 极正反向截止。

③ 判断三极管基极 B。

判别基极 B 和管型时可以使用指针万用表置 $R\times 1k$ 挡。先将红表笔接某一假定基极 B,黑表笔分别接另两个极,如果电阻均很小(或很大),而将红、黑两笔对换后测得的电阻都很大(或很小),则假定的基极是正确的。

基极确定后,红表笔接基极,黑表笔分别接另两个极时测得的电阻均很小,则此管为 PNP 型三极管;反之则为 NPN 型。测试电路如图 2-34 所示。

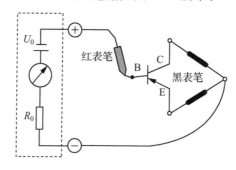

图 2-34　判断三极管基极

(2) 用数字式万用表置于二极管挡检测其正反向导通电压来判断。

① PNP 型三极管。

a. 黑表棒接 B 极,红表棒分别接 E、C 极,万用表数字显示 0.3～0.5V 导通电压值。

b. 红表棒接 B 极,黑表棒分别接 E、C 极,万用表数字显示"1"(截止)。

c. E、C 极正、反向截止。

② NPN 型三极管。

a. 黑表棒接 B 极,红表棒分别接 E、C 极,万用表数字显示"1"(截止)。

b. 红表棒接 B 极,黑表棒分别接 E、C 极,万用表数字显示 0.5～0.7V 导通电压值。

c. E、C 极正、反向截止。

③ 判断三极管基极 B。

判别基极 B 和管型时数字式万用表置二极管挡,先将红表笔接某一假定基极 B,黑表笔分别接另两个极,如果呈现导通电压,而将红、黑两笔对换后测得截止,则此管为 NPN 型三极管;反之为 PNP 型。

6. VMOS 场效应管的检测

VMOS 场效应管(VMOSFET)简称 VMOS 管或功率场效应管,其全称为 V 型槽 MOS 场效应管。它是继 MOSFET 之后新发展起来的高效、功率开关器件。它不仅继承了 MOS 场效应管输入阻抗高、驱动电流小(0.1μA 左右),还具有耐压高(最高可耐压 1200V)、工作电流大(1.5～100A)、输出功率高(1～250W)、跨导线性好、开关速度快等优良特性。正是由于它将电子管与功率晶体管的优点集于一身,因此在电压放大器(电压放大倍数可达数千倍)、功率放大器、开关电源和逆变器中获得广泛应用。

众所周知,传统的 MOS 场效应管的栅极、源极和漏极大致处于同一水平面的芯片上,其工作电流基本上沿水平方向流动。VMOS 管则不同,从图 2-35 可以看出其两大结构特点:第一,金属栅极采用 V 型槽结构;第二,具有垂直导电性。由于漏极是从芯片的背面引出的,所以 I_D 不是沿芯片水平流动的,而是自重掺杂 N^+ 区(源极 S)出发,经过 P 沟道流入轻掺杂 N^- 漂移区,最后垂直向下到达漏极 D。电流方向如图中箭头所示,因为流通截面积增大,所以能通过大电流。由于在栅极与芯片之间有二氧化硅绝缘层,因此它仍属于绝缘栅型 MOS 场效应管。

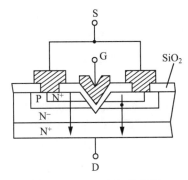

图 2-35 VMOS 场效应管

IRFPC50 的外形如图 2-36 所示。

图 2-36 VMOS 场效应管 IRFPC50

检测 VMOS 管的方法如下。

(1) 判定栅极 G。

将万用表拨至 $R \times 1k$ 挡分别测量三个管脚之间的电阻。若发现某脚与其余两脚的电阻均呈无穷大,并且交换表笔后仍为无穷大,则证明此脚为 G 极,因为它和另外两个管脚是绝缘的。

(2) 判定源极 S、漏极 D。

在源极与漏极之间有一个 PN 结,因此根据 PN 结正、反向电阻存在差异,可识别 S 极与 D 极。用交换表笔法测两次电阻,其中电阻值较低(一般为几千欧至十几千欧)的一次为正向电阻,此时黑表笔接的是 S 极,红表笔接的是 D 极。

(3) 测量漏-源通态电阻 $R_{DS(on)}$。

将 G-S 极短路,选择万用表的 $R\times 1$ 挡,黑表笔接 S 极,红表笔接 D 极,阻值应为几欧至十几欧。由于测试条件不同,测出的 $R_{DS(on)}$ 值比手册中给出的典型值要高一些。

(4) 检查跨导。

将万用表置于 $R\times 1k$(或 $R\times 100$)挡,红表笔接 S 极,黑表笔接 D 极,手持螺丝刀去碰触栅极,表针应有明显偏转,偏转愈大,管子的跨导愈高。

(5) 注意事项。

① VMOS 管也分为 N 沟道管与 P 沟道管,但绝大多数产品属于 N 沟道管。对于 P 沟道管,测量时应交换表笔的位置。

② 有少数 VMOS 管在 G 极和 S 极之间并有保护二极管,本检测方法中的(1)、(2)项不再适用。

③ 目前市场上还有一种 VMOS 管功率模块,专供交流电机调速器、逆变器使用。例如,美国 IR 公司生产的 IRFT001 型模块,内部有 N 沟道、P 沟道管各三只,构成三相桥式结构。

④ 现在市售 VNF 系列(N 沟道)产品是美国 Supertex 公司生产的超高频功率场效应管,其最高工作频率 $f_p = 120\text{MHz}$,$I_{DSM} = 1\text{A}$,$P_{DM} = 30\text{W}$,共源小信号低频跨导 $g_m = 2000\mu\text{S}$。适用于高速开关电路和广播、通信设备中。

⑤ 使用 VMOS 管时必须加合适的散热器。以 VNF306 为例,该管子加装 $140\text{mm}\times 140\text{mm}\times 4\text{mm}$ 的散热器后,最大功率才能达到 30W。

7. 场效应晶体管的检测

场效应晶体管(FET)简称场效应管,它属于电压控制型半导体器件,具有输入电阻高($10^8\sim 10^9\Omega$)、噪声小、功耗低、没有二次击穿现象、安全工作区域宽等优点,现已成为双极型晶体管和功率晶体管的强大竞争者。

场效应管分结型、绝缘栅型两大类。结型场效应管(JFET)因有两个 PN 结而得名,绝缘栅型场效应管(JGFET)则因栅极与其他电极完全绝缘而得名。目前在绝缘栅型场效应管中,应用最为广泛的是 MOS 场效应管,简称 MOS 管(即金属-氧化物-半导体场效应管 MOSFET);此外还有 PMOS、NMOS 和 VMOS 功率场效应管,以及最近刚问世的 πMOS 场效应管、VMOS 功率模块等。

按沟道半导体材料的不同,结型和绝缘栅型各分 N 沟道和 P 沟道两种。若按导电方式来划分,场效应管又可分成耗尽型与增强型。结型场效应管均为耗尽型,绝缘栅型场效应管既有耗尽型的,也有增强型的。

场效应晶体管可分为结场效应晶体管和 MOS 场效应晶体管。而 MOS 场效应晶体管又分为 N 沟耗尽型、N 沟增强型、P 沟耗尽型和 P 沟增强型四大类,如图 2-37 所示。

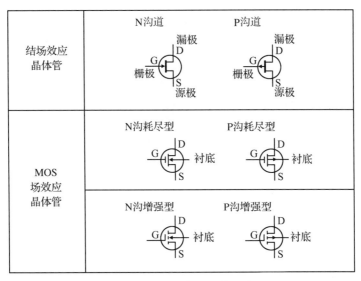

图 2-37 场效应晶体管分类

(1) MOS 场效应晶体管使用注意事项。

MOS 场效应晶体管在使用时应注意分类,不能随意互换。MOS 场效应晶体管由于输入阻抗高(包括 MOS 集成电路)极易被静电击穿,使用时应注意以下规则:

① MOS 器件出厂时通常装在黑色的导电泡沫塑料袋中,切勿自行随便用塑料袋装。也可用细铜线把各个引脚连接在一起,或用锡纸包装。

② 取出的 MOS 器件不能在塑料板上滑动,应用金属盘来盛放待用器件。

③ 焊接用的电烙铁必须良好接地。

④ 在焊接前应把电路板的电源线与地线短接,在 MOS 器件焊接完成后再分开。

⑤ MOS 器件各引脚的焊接顺序是漏极、源极、栅极。拆卸时顺序相反。

⑥ 在装机之前,要用接地的线夹子去碰一下机器的各接线端子,再把电路板接上去。

⑦ 在允许条件下,MOS 场效应晶体管的栅极最好接入保护二极管。在检修电路时应注意查证原有的保护二极管是否损坏。

(2) 场效应管的测试。

下面以常用的 3DJ 型 N 沟道结型场效应管为例解释其测试方法。

3DJ 型结型场效应管可看作一只 NPN 型的晶体三极管,栅极 G 对应基极 B,漏极 D 对应集电极 C,源极 S 对应发射极 E,所以只要像测量晶体三极管那样测 PN 结的正、反向电阻即可。把万用表拨在 $R \times 100$ 挡,用黑表笔接场效应管其中一个电极,红表笔分别接另外两极,当出现两次低电阻时,黑表笔接的就是场效应管的栅极,红表笔接的就是漏极或源极。对结型场效应管而言,漏极和源极可以互换。对于有 4 个管脚的结型场效应管,另外一极是屏蔽极(使用中接地)。

目前常用的结型场效应管和 MOS 型绝缘栅场效应管的管脚顺序如图 2-38 所示。

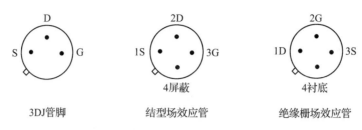

图 2-38 结型场效应管和 MOS 型绝缘栅场效应管的管脚顺序

场效应晶体管的性能判断方法为：先用指针式万用表 $R\times 10k\Omega$ 挡（内置有 15V 电池），把负表笔（黑）接栅极（G），正表笔（红）接源极（S）。给栅、源极之间充电，此时万用表指针有轻微偏转。再用该万用表 $R\times 1\Omega$ 挡，将负表笔接漏极（D），正表笔接源极（S），万用表指示值若为几欧姆，则说明场效应管是好的。

8. 电源变压器

电源变压器的检测方法如下：

(1) 通过观察变压器的外貌来检查其是否有明显异常现象。如线圈引线是否断裂、脱焊，绝缘材料是否有烧焦痕迹，铁心紧固螺杆是否松动，硅钢片有无锈蚀，绕组线圈是否外露等。

(2) 绝缘性测试。用数字式万用表 200Ω 挡分别测量铁心与初级、初级与各次级、铁心与各次级、静电屏蔽层与叔次级、次级各绕组间的电阻值，万用表指针均应指在无穷大位置不动。否则，说明变压器绝缘性能不良。

(3) 线圈通断的检测。将万用表置于 200Ω 挡，测试中，若某个绕组的电阻值为无穷大，则说明此绕组有断路性故障。

(4) 判别初、次级线圈。电源变压器初级引脚和次级引脚一般都是分别从两侧引出的，并且初级绕组多标有 220V 字样，次级绕组则标出额定电压值，如 12V、24V、50V 等，可根据这些标记进行识别。

八、技能训练

1. 技能训练要求

(1) 根据课题的要求，完成电子元件识别。

(2) 按照要求使用仪表进行电子元件性能检测。

(3) 时间：60 分钟。

2. 技能训练内容

用万用表检测电子元件（写出元件不合格的原因）。

(1) 电阻。

(2) 电容。

(3) 二极管。

(4) 稳压管。

(5) 三极管。

(6) 场效应管。

3. 技能训练使用的工量具明细表(如表 2-3 所示)

表 2-3 工量具明细表

名 称	规格(型号)	数量
数字式万用表	UT58D	1
指针式万用表	MF47	1

4. 技能训练步骤

电子元件识别、性能检测。

5. 技能评分标准(如表 2-4 所示)

表 2-4 技能评分标准

课题名称		电子元件的选择与应用	额定时间	60 分钟
课题要求	配分	评 分 细 则		得分
正确识别元件	20	元件判别完全正确,不扣分		
		元件判别错 1 次,扣 4 分		
		元件判别错 2 次,扣 8 分		
		检测方法不正确或元件不能判别,扣 20 分		
检测出技术参数合适的元件	40	检测方法及元件判别完全正确,不扣分		
		元件判别错 1 次,扣 8 分		
		元件判别错 2 次,扣 16 分		
		检测方法不正确或元件不能判别,扣 40 分		
使用仪器、仪表测量元件参数值	30	正确使用仪器、仪表,实测元件参数正确,不扣分		
		实测元件参数错 1 处,扣 7 分		
		实测元件参数错 2 处,扣 14 分		
		仪器不会使用,元件参数不能测量,扣 30 分		
安全生产,无事故发生	10	安全文明生产,符合操作规程,不扣分		
		经提示后能规范操作,扣 5 分		
		不能文明生产,不符合操作规程,扣 10 分		

评分教师:　　　　　　　　　　日期:

课题三　多产品校准器的使用

【教学目的】

（1）在理解和掌握 5520A 型多产品校准器的技术指标及操作方法的基础上，独立完成仪器、仪表校准。

（2）提高分析能力和动手能力。

【任务分析】

了解 5520A 多产品校准器技术指标，通过使用 5520A 多产品校准器，掌握仪器、仪表基准校验方法。

一、5520A 多产品校准器技术指标

校准器是输出精度较高的电参数和物理参数的仪器，它为测量仪器设备提供高精度的标准信号，用于校验仪器、仪表的精度。

多产品校准器可以提供直流电压和电流、交流电压和电流的多种波形和谐波，同时输出两路电压，或者一路电压和一路电流，模拟直流和交流功率（有相位控制）、电阻、电容、热电偶和 RTD。还可以测量热电偶温度、相对湿度（适用探头），并可利用压力模块测量压力。利用三个选件，校准器可以校准高达 1.1GHz 的示波器。利用电能质量选件，多产品校准器还可以按照 IEC 或其他机构的标准来校准电能质量仪器。

1. 校准器的类型

（1）过程参数校准器。

（2）万用表校准器。

（3）温度校准器。

（4）示波器校准器。

（5）扭力校准器。

（6）压力校准器。

2. 校准器的发展趋势

（1）数字化、智能化。

由于微电子技术的进步,仪器、仪表产品进一步与微处理器、PC 技术融合,仪器、仪表的数字化、智能化水平不断得到提高。

(2) 网络化。

当前国际上现场总线与智能仪表的发展呈现多种总线及其仪表共存发展的局面。HART、FF、Profibus、Lonworks、WorldFIP、CAN 等总线都从应用于某一领域不断向其他领域扩展。

(3) 微型化。

二、FLUKE 5520A 多产品校准器的功能

1. 输出、特性及技术指标

(1) 可提供的输出。

5520A 型多产品校准器是完全程控的精密校准源,可提供以下输出:

- 直流电压:0～±1000V。
- 交流电压:1mV～1000V(10Hz～500kHz)。
- 交流电流:29μA～20.5A(10Hz～10kHz)。
- 直流电流:0～±20.5A。
- 电阻:短路～1100MΩ。
- 电容:190pF～110mF。
- 8 种类型的热电阻温度(RTD)模拟输出。
- 11 种类型的热电偶模拟输出。

(2) 特性。

5520A 型多产品校准器具有如下特性。

- 自动计算仪表误差。
- 各种功能均可用乘 10 键和除 10 键方便地将输出改变为预定的十进制值。
- 具有能够阻止无效数字输入的程控输入限制。
- 可同时输出电压和电流,其乘积达到 20.9kW。
- 可使用 Fluke 700 系列压力模块测量压力。
- 具有 10MHz 参考输入/参考输出,可用于输入高精度的 10MHz 的参考时钟,使 5520A 获得更高的频率准确度;或者用来使一个或多个 5520A 与主 5520A 同步。
- 同时输出双路电压。
- 扩展带宽模式可输出多种波形,频率最低至 0.01Hz,正弦波最高可达 2MHz。
- 具有可变相位信号输出。
- 标准 IEEE-488(GPIB)接口,符合 ANSI/IEEE-488.1-1987 和 IEEE-488.2-1987 标准。
- EIA 标准 RS-232 串行数据可用来打印、显示和传送内部存储的校准常数,或用于远地控制 5520A。

- 传送 RS-232 串行数据至被测仪器,实现远地通信。

(3) 技术指标。

下面将详细说明 5520A 型多产品校准器的技术指标。若要达到所有技术指标,必须预热 30 分钟或两倍以上的停机时间(例如,5520A 校准器已停机 5 分钟,则需再预热 10 分钟)。

所有的技术指标都适用于所标出的温度和时间周期。当温度超出 $T_{cal}\pm5℃$ 范围时(T_{cal} 是 5520A 校准器校准时的环境温度),应加上温度系数的影响。

这些技术指标还要求必须确保 5520A 校准器每 7 天或环境温度变化超过 5℃时校零一次。最严格的电阻指标要求每 12 小时校准一次,并在 ±5℃ 范围内有效。

(4) 通用技术指标。

- 预热时间:两倍停机时间或最长 30 分钟。
- 建立时间:除非另外说明,所有功能量程均不大于 5s。
- 标准接口:IEEE-488(GPIB)、RS-232。
- 温度性能:工作环境为 0~50℃;校准环境(T_{cal})为 15℃~35℃;存贮环境为 -20℃~-70℃。
- 温度系数:温度超出 T_{cal}5℃时,在 0~40℃ 范围,每摄氏度温度系数按 1 年技术指标的 10% 计算;在 40℃ 以上时,每摄氏度温度系数按 1 年技术指标的 15% 计算。
- 相对湿度:工作时为 <80%(30℃以下)、<70%(40℃以下)、<40%(50℃以下);存贮时为 <95%(不结露)。
- 海拔高度:工作时为最高 3050m(10000ft);存贮时为最高 12200m(40000ft)。
- 安全性:符合 IEC1010-1(1992-1)、ANSI/ISA-S82.01-1994、CAN/CSA-C22.2 NO.1010.1-92 标准,模拟低端隔离 20V。电磁兼容性符合 EN 61326-1/1997、Class A(EMC)标准,在电磁场大于 0.4V/m 的条件下,热电偶模拟输出值或测量值指标未定义。
- 电源电压(可选):100V、120V、220V、240V。
- 电源频率:47~63Hz。
- 允许变化:电源电压设置值的 10%。
- 功耗:600V·A。
- 体积:高 17.8cm,加 1.5cm 支脚,宽 43.2cm(标准机架宽度),长 47.3cm。
- 质量:22kg。

2. 面板介绍与使用方法

(1) 前面板特性。

前面板(包括所有控制器、显示器、指示器和输出端子)如图 3-1 所示。

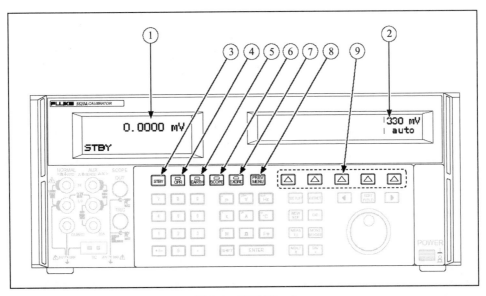

图 3-1 前面板(一)

① 输出显示。

输出显示是双行背光 LCD 显示器,显示输出的幅度、频率和校准器的状态。输出值(若处于预备状态则为潜在输出值)最多可达 7 位数字显示再加一个极性符号。输出频率(若处于预备状态则为预备输出频率)用 4 位数字显示,校准器的状态按以下缩写显示:

- OPR 表示 5520A 校准器的前面板输出端正处于输出状态。
- STBY 表示 5520A 处于预备状态。
- ADDR 表示 5520A 正在由 IEEE-488 接口寻址。
- u 为不稳定符号,当改变输出时,u 显示 1~2s,当输出值在指定准确度范围内稳定下来时,该符号消失。
- m 表示校准器正在进行测量(仅适用于热电偶、压力和阻抗测量功能)。
- C 表示正使用未储存的校准常数。

② 控制显示。

控制显示是多用途的背光 LCD,用以显示输入的数据、UUT(被测仪器)调节的误差、软键标志、相位角、功率、功率因数和其他提示信息。当输出显示空间不够时,输出频率在控制显示处显示。几个软键标志称为一个菜单,软键的功能由正上方的标志来表示。通过使用这 5 个软键和 PREV MENU 键,可以进入多种不同的功能状态。

③ STBY 键。

STBY(预备)键使 5520A 校准器处于预备模式。此时输出显示的左下角显示"STBY"。5520A 处于预备模式时,NORMAL 端和 AUX 输出端与内部电路断开。5520A 刚启动时,通常处于预备模式。

下述情况之一发生时 5520A 校准器自动切换到预备模式:

a. 按动 RESET 键。

b. 在当前输出电压小于 33V 时选择了大于或等于 33V 的电压输出。

　　c. 在小于 33V 的交、直流功能之间转换除外，输出功能改变。

　　d. 选择输出＞3A，即输出端切换到 20A 端。

　　e. 检测到过载情况。

　④ OPR 键。

　OPR(工作)键使 5520A 校准器处于输出作用模式。OPR 模式时在输出显示左下角显示"OPR"，同时在 OPR 键上也有指示灯显示。

　⑤ EARTH 键。

　EARTH 键用以断开或接通 NORMAL LO 端和地端的内部连接。接通时，键上的指示灯亮，开机时的默认设置为断开(指示灯灭)。

　⑥ SCOPE 键。

　若 5520A 校准器安装了示波器校准选件，按动 SCOPE(示波器)键可以启动或关闭示波器校准功能。启动此功能时键上的指示灯亮。若没有安装示波器校准选件，按动 SCOPE 键时 5520A 校准器会发出蜂鸣声，并不改变输出状态。

　⑦ EXGRD 键。

　EXGRD(屏蔽外接)键用以打开或切断内部 NORMAL LO 信号地和内部屏蔽的连接。当接通时，键上的指示灯亮。上电默认条件是与外屏蔽切断(指示灯灭)。

　⑧ PREV MENU 键。

　PREV MENU(上一层菜单)键用以调出以前选择的各组菜单。每按一次这个键，菜单树就向上退一层，直到最后显示出所选功能的最高层菜单。

　⑨ 软键。

　5 个无标志的蓝色软键的功能，由它们正上方控制显示器中的标志来表示。操作过程中可以通过操作这些软键转换不同的功能。一组软键的标注称为一个菜单，一组相互连接的菜单组称为菜单树。

　⑩ NEW REF 键。

　NEW REF(新的参考值)键(⑩~㉑的具体位置如图 3-2 所示)适用于误差模式操作，使当前的输出值成为计算被检表误差时的新的参考值。

　⑪ SETUP 键。

　SETUP(设置)键使 5520A 校准器处于设置模式，在控制显示器中显示设置菜单。可用控制显示器下方的软键设定选项。

　⑫ RESET 键。

　RESET(复位)键，当校准器不处在远地控制状态时，复位键取消当前操作状态，返回到开机时的默认状态。

　⑬ CE 键。

　CE(清除输入值)键用以清除控制显示器中不完全的输入。按动该键不影响输出。

课题三　多产品校准器的使用　63

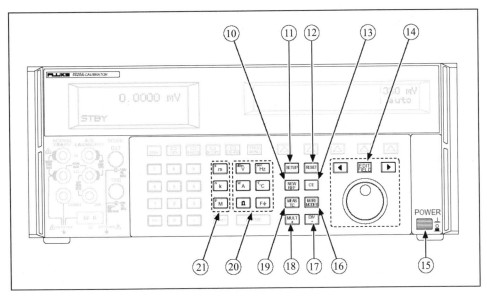

图 3-2　前面板(二)

⑭ EDIT FIELD 键。

EDIT FIELD(修改输出显示)键和相关的左、右箭头键提供了步进调整输出的功能。当按动这些键或转动旋轮时,输出显示器中的某一位将变成高亮,并且随着旋轮的转动其数字将增加或减少。若某个数字经过 0 或 9 时,它的左边也将相应地进位。同时,控制显示器中显示出初值(参考值)和新输出值之间的误差。

EDIT FIELD 键允许在电压、电流和频率之间转换。在实际操作中,旋轮和箭头键用以调整输出直到被测仪器读数正确。这时显示器上的"误差显示"表示出 UUT 对参考值偏离的程度。

⑮ POWER 键。

POWER(电源开关)键用以启动或关闭校准器,该开关是"推-推"式自锁开关,当开关被推进时,电源接通。

⑯ MOREMODES 键。

MOREMODES(其他功能)键用于进入压力测量模式,需要配备福禄克公司的 700 系列压力模块。

⑰ DIV 键。

DIV÷(除 10)键在性能限制范围内立即改变输出值至参考值(不一定是当前输出值)的十分之一。在示波器模式下,DIV 键将输出转换到下一个较低量程。

⑱ MULT 键。

MULT×(乘 10)键在性能限制范围内立即改变输出值至参考值(不一定是当前输出值)的十倍。

若这种改变是从低于 33V 状态下开始的,此键将使 5520A 校准器处于预备状态。在示波器模式,乘 10 键将输出转换到下一个更高的量程。

⑲ MEAS TC 键。

MEAS TC(热电偶测量)键用以启动热电偶输入连接,使 5520A 校准器按当前输入端的电压来计算温度。

⑳ 输出单位键。

输出单位键决定了 5520A 校准器的功能。和 SHIFT 键组合使用,一些键可以代表第二种单位。输出单位包括 dBm、V、W、A、Ω、s、Hz、F、°F、°C 等。

当输入频率值时,5520A 校准器自动选择交流功能;当未指定频率而直接输入一个新的带符号的输出值(正或负)时,5520A 校准器自动返回到直流电压功能(输入 0Hz 也将自动返回到直流电压功能)。

㉑ 10 幂数键。

10 幂数键用以选择输出值的 10 幂数。一些键和 SHIFT 键组合用作第二种功能。例如,若输入 33,按 SHIFT 键,然后按 pM、F、ENTER,5520A 校准器输出值将是 33pF。10 幂数键可输出 μ(微即 10^{-6})、m(毫即 10^{-3})、n(纳即 10^{-9})、k(千即 10^{3})、p(皮即 10^{-8})、M(兆即 10^{6})等。

㉒ ENTER 键。

ENTER(输入)键(㉒~㉜的具体位置如图 3-3 所示)将控制指示器上新的输入值装入校准器并显示在输出显示器上。新的输入值通过数字键输入。如果没有指定单位就按 ENTER 键,大多数情况下 5520A 校准器保持原单位不变。例如,输入 1mV,然后输入 10 可得 10V("V"被存入,而未存"m");在误差模式时,无输入值时按 ENTER 键可以使输出恢复为参考值。

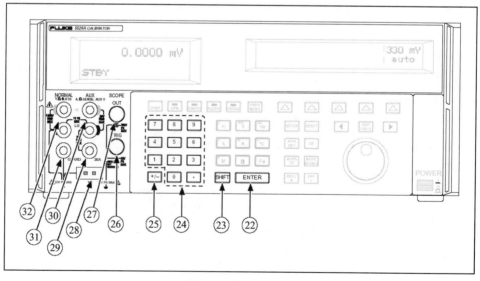

图 3-3 前面板(三)

㉓ SHIFT 键。

SHIFT(转换)键用于选择单位和 10 幂数键的另外的功能。这种功能选择用小字母标在键的左上角。

㉔ 数字键盘。

用以输入幅度和频率的数字。输入程序是：先输入输出值的数字，然后是 10 幂数值（如果需要的话）、输出单位，按下 ENTER 键。例如，若想获得 20mV 输出，需要按以下键：2、0、μm、dBmV、ENTER，再按 OPR 键输出。当输入位数已满时按数字键，或在数值中已有小数点的情况下按小数点键，5520A 校准器都会发出蜂鸣警告。

㉕ ＋/－极性键。

用以改变直流电压或直流电流功能中的输出极性。按此键后再按 ENTER 键将改变输出的极性。

㉖ TRIG OUT。

触发输出 BNC 连接头，用于在示波器校准时触发示波器，仅对安装了示波器校准选件的 5520A 校准器有效。

㉗ SCOPE OUT。

示波器连接头，用于示波器校准时的信号输出，仅对安装了示波器校准选件的校准器有效。

㉘ TC。

热电偶连接口，用于温度计校准时的热电偶模拟输出和热电偶测量。使用本连接口时应选用合适的热电偶线和插头。例如，若要模拟 K 型热电偶，需用 K 型的热电偶线和 K 型插头来进行连接。

㉙ 20A 端钮。

当选择了 20A 量程时，输出 3～20A 的电流。

㉚ AUX 端钮。

AUX 端钮用于交流和直流电流输出、双电压输出模式时的第二电压输出，或用于二线（四线）电阻补偿、电容以及模拟热电阻温度测量时的电位检测。

㉛ GUARD 端钮。

GUARD 端钮与内部屏蔽相连，除非按下 EXGRD 键，指示灯亮，内部屏蔽总是与 NORMAL LO 端相连。

㉜ NORMAL。

标准输出端钮，用于交流及直流电压、电阻、电容源以及模拟热电阻温度检测器（RTD）的二线输出；在四线输出时，为电流输出端。

（2）后面板特性。

后面板特性（包括所有接线柱、插座和连接器）如图 3-4 所示。

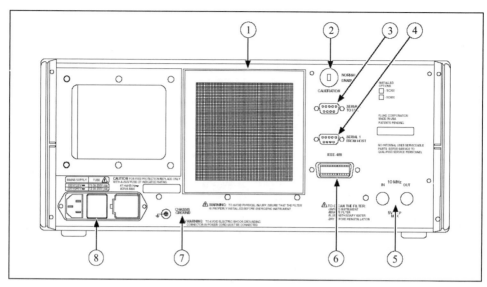

图 3-4　后面板

① FAN FILTER。

风扇过滤器,用以遮盖进气口,使灰尘和杂质不能进入机箱的空气挡板内。5520A 校准器的风扇为机箱提供持续不断的流动冷空气。

② CALIBRATION NORMAL/ENABLE。

校准开关常态/启动拨动开关,用于启动和关闭非易失性存储器的写入功能。拨到 ENABLE 允许把变化值写入存储器,拨到 NORMAL 不允许改写存储器中的数据。此开关凹进机箱内部并用校准标签封住以确保校准安全。

③ SERIAL 2 TO UUT。

该连接口用于在 5520A 校准器和被测仪器(UUT)的 RS-232 接口之间发送和接收 RS-232 串行数据。

④ SERIAL 1 FROM HOST。

该连接口用于 5520A 校准器的远程控制,或向打印机、监视器、计算机发送 RS-232 串行数据。

⑤ 10MHz IN/10MHz OUT。

标准时钟输入 BNC 端口,为 5520A 提供外标准时钟,可以代替内部的10MHz 时钟为仪器提供时间标准。5520A 的频率准确度取决于内部的时钟或外标准时钟。标准时钟输出 BNC 端口为 5520A 提供标准时钟输出。可以将内部的标准时钟或外标准时钟 10MHz 输出给另一个 5520A。

⑥ IEEE-488。

该接口是 IEEE-488 总线上进行远程控制的标准并行接口。

为了避免触电危险,应使用原厂提供的三相连接插头与有接地保护的插座进行连接。不能使用二线插头或延长线,否则会破坏保护地线的连接。如果仪器接地有问题,应把接地线接于后面板地端接线柱。

⑦ CHASSIS GROUND。

机箱地接线柱在机内接地至机箱,若5520A校准器处于系统中地参考点的位置,这个接线柱可用来连接其他仪器并与大地连接。

⑧ 交流电源输入模块。

该模块提供了接地式三线插座和可选择电源电压的开关结构及电源保险丝。

(3) 启动校准器。

为了避免电击危险,应确认5520A多功能校准器按要求安全地接地。

当5520A多功能校准器通电后,最初的显示是"Starting up …"并完成一套自测程序。若自测失败,控制显示器中会出现一个出错码。

启动5520A多功能校准器后,至少应预热30分钟以使仪器内部元器件达到稳定状态。这可以确保校准器达到或超过应有的指标。若预热5520A多功能校准器后又关闭,而后再启动,其预热时间至少应是停机时间的两倍(最长到30分钟)。例如,如果停机10分钟后又启动,则预热时间至少是20分钟。

(4) 软键的使用。

PREV MENU键右边的五个键称为软键。软键的功能由其正上方的控制显示器中的标志来决定。按动软键可以在控制显示器中改变某一个数值或产生一个新的选择子菜单。软键菜单按不同级别排列,按PREV MENU键可以返回上一级菜单。虽然按动RESET键也可以返回菜单的顶级,但它会使PREV MENU多功能校准器的所有易失性设置复位,并使校准器返回0V直流电压预备状态。因此,在转换各级菜单时,应使用PREV MENU键作为主要的操作键。

(5) 使用设置菜单。

按动前面板SETUP键可以进行不同的操作和更改各种参数。某些参数是易失性的,这意味着在校准器复位或关机后它们将会丢失。以下将简要说明哪些参数是"非易失性的"。

当在开机状态按动SETUP键时,显示内容变化如下:

  CAL
  SHOW SPECS
  INSTMT SETUP
  UTILITY FUNCTNS

这是仪器的主设置菜单,下面列出了每个软键子菜单的详细说明。

- CAL(校准):本菜单的软键可以启动外标准校准、校准检查、直流零位校准功能。
- SHOW SPECS(显示指标):显示5520A多功能校准器公布的指标。
- INSTMT SETUP(仪器设置):选择所希望的温度标准,打开子菜单,可进入输出、显示和远程设置功能。
- UTILITY FUNCTNS(实用功能):允许启动自测程序、格式化非易失性存储器、查阅仪器配置软件的版本号和用户报告字符串。

(6) 使用仪器设置菜单。

仪器设置菜单(通过在设置菜单中按动 INSTMT SETUP 软键进入)如下所示：
  OTHER SETUP
  OUTPUT SETUP
  DISPLAY SETUP
  REMOTE SETUP

下面列出的是每一软键所对应子菜单的详细说明。

  • OTHER SETUP(其他设置)：此软键可以打开一个菜单,在 1968 国际临时温度标准(IPTS-68)和 1990 国际温度标准(ITS-90)(工厂默认设置)之间选择温度标准。用此菜单也可以设置时钟、上电状态、SC600 示波器校准选件的过载保护测试的电压输出时间及显示的误差单位。

  • OUTPUT SETUP(输出设置)：可选择输出校准器的电流和电压输出限制值、默认的热电偶类型、RTD 类型、参考相位、内部/外部参考相位源、显示的分贝对应的阻抗以及压力的单位。

  • DISPLAY SETUP(显示设置)：可设置控制显示器和输出显示器的亮度和对比度。

  • REMOTE SETUP(远程设置)：可改变两个 RS-232 接口、SERIAL 1 FROM HOST(连接计算机的接口)和 SERIAL 2 TO UUT(连接 UUT 的接口)以及 IEEE-488 通用接口总线(GPIB)的配置。

(7) 使用实用功能菜单。

设置菜单中的标有 UTILITY FUNCTNS(实用功能)的软键提供了进入自测程序、格式化非易失性存储器、仪器配置功能的途径。具体菜单如下：
  SELF TEST
  FORMAT NV MEM
  INSTMT CONFIG

以下列出其详细说明。

  • SELF TEST：用于启动校准器的自测程序。

  • FORMAT NV MEM(格式化非易失性存储器)：打开一个菜单,恢复非易失性存储器中的全部或部分数据至工厂默认值。

  • INSTMT CONFIG(仪器配置)：允许查阅已装入校准器的软件版本号和用户输入的报告字符串。

(8) 使用 EEPROM 格式化菜单。

格式化非易失性存储器菜单软键会永久地消除校准常数。按 ALL 和 CAL 软键将使 5520A 的校准状态无效。

按"实用功能菜单中"的 FORMAT NV MRM 软键打开下面的菜单：
  ALL
  CAL

SETUP

只有在后面板中的 CALIBRATION 开关拨到 ENABLE 位置时,本菜单中的软键才有效。非易失性存储器中存有校准常数和日期、设置参数、用户报告字符串。校准常数的工厂默认设置对所有的同型号校准器都是一样的,它们并不是 5520A 出厂前进行校准时所获得的校准常数。软键具体功能如下。

• ALL:用工厂默认值替换 EEPROM 中的全部内容。此功能仅由维修人员在更换了 EEPROM 后使用,通常情况无须使用它。

• CAL:用工厂默认值替换所有校准常数,但保留全部设置参数不变。通常情况无须使用此功能。

• SETUP:用工厂默认值替换设置参数,但保留校准状态不变。此项操作无须撕下校准标签。注意,远程命令也能改变设置参数,如 SRQSTR、SPLSTR、PUD、SP-SET、UUT-SET、TEMP-STD、SRC-PREF、RTD-TYPE-D、TC-TYPE-D、LIMIT。

(9) 校准器复位。

在前面板操作时(非远程操作),可以通过按动 RESET 键使 5520A 校准器处于重新开机状态(有错误信息显示时除外,这时可以通过按动蓝色键来清除)。按动 RESET 键可以实现如下功能。

① 使校准器返回重新开机状态:0V、直流电压、预备状态、330mV 量程,且把所有 OUTPUT SETUP 菜单设置到其最新的默认值。

② 清除存贮的输出限制值和出错码。

(10) 校准器的校零。

校零功能可以重新校准内部电路和大多数直流偏置。若要达到指标,需要每 7 天或者当 5520A 周围环境温度变化超过 5℃时校零一次。5520A 工作环境温度有显著变化时,校零是非常重要的。5520A 有两种校零功能:全部校零(ZERO)和欧姆校零(OHMS ZERO)。

按下述步骤完成校准器校零(注意:执行此操作无须将 5520A 后面板 CALIBRATION 开关拨到 ENABLE 位置)。

① 启动校准器,至少预热 30 分钟。

② 按动 RESET 键。

③ 按 SETUP 键,打开设置菜单:
  CAL
  SHOW SPECS
  INSTMT SETUP
  UTILITY FUNCTNS

④ 按动 CAL 软键,打开校准信息菜单:
  STORE
  CONSTS
  CAL

DATES
CAL REPORT
SETUP
PRINT
REPORTS

⑤ 按动 CAL 软键,打开校准行动菜单,如果安装了示波器校准选件,SCOPE CAL 也显示出来,即

SCOPE
CAL
5520A
CAL
OHMS
ZERO
ZERO ERR ACT
backup

⑥ 按动 ZERO 软键将执行 5520A 的全部校零功能;按动 OHMS ZERO 软键,将执行欧姆校零功能。完成校零功能后(大约需要几分钟),按动 RESET 键复位校准器。

当 OPERATE 指示灯亮且显示"OPR"时,输出显示器中的显示功能和输出值将在所选择的端子输出。当输出显示器中显示"STBY"时,除了前面板热电偶端之外,所有的校准器输出都处于开路状态。若想启动工作模式,按动 OPR 键;按 STBY 键,使校准器处于预备模式。

若下述任一事件发生,校准器自动变为预备模式:

a. 按动 RESET 键。

b. 当原输出电压小于 33V 时,选择了大于或等于 33V 的电压。

c. 当输出电压大于或等于 33V 时,输出功能在直流电压和交流电压功能之间转换;在交流电流或直流电流功能之间转换;在温度功能和其他任何功能之间转换;在电阻功能和其他任何功能之间转换;在电容功能和其他任何功能之间转换。

d. 峰-峰值电压输出(矩形波、三角波、截断正弦波)转换到≥33V(正弦波)有效值电压输出。

例如,通过 WAVE 软键把 40V 峰-峰值输出转换到 40V 有效值输出,校准器自动进入预备状态。

e. 电流输出端位置在 AUX 端和 20A 之间改变。

f. 探测到过载状态。

(11) 校准器与 UUT 的连接。

5520A 校准器能够产生致命的电压。当有电压输出时,不要连接输出端。使 5520A 校准器处于预备状态也不能完全避免触电危险,因为 OPR 键有可能被意外触动。只有按复位

键,并证实5520A校准器STBY键上的指示灯亮后,才可以连接。标有NORMAL(HI和LO)的输出端用以输出电压、电阻、电容和电阻温度检测器(RTD)的校准值。LO端与模拟公共端相连,此端可以通过EARTH键与大地接通或断开。

标有AUX(HI和LO)的输出端用以输出电流和在双输出功能时输出低电压。这些输出端还将用于四线电阻、电阻的远端取样,电容和热电阻RTD功能。若安装了示波器选件,标有SCOPE和TRIG的BNC连接器可以输出校准示波器的信号。

标有TC的插座用以测量热电偶和产生模拟热电偶输出。

(12) 推荐使用的电缆和连接器型号。

如果使用标准的香蕉插头,当插头未完全插入插座时会暴露致命的高压。应使用具有合适电压额定值的连接线。

连接校准器的电缆是连到NORMAL和AUX端的。为避免由热电势引起的误差,应当使用由铜或其他与铜相接时产生很小热电势的材料制成的连接器和导线。不要使用镀镍的连接器。使用5440A-7002型低热电势测试线可以达到最佳的效果,这种测试线是由良好绝缘的铜线和碲铜连接器构成的。

(13) EARTH键、EXGRD键及外屏蔽保护。

5520A校准器前面板的NORMAL LO端与机壳对大地绝缘。当希望连接NORMAL LO端和大地端时,按动EARTH键,键上的指示灯同时亮。默认设置为关闭(指示灯不亮)。

为了避免地回路电流和噪声干扰,必须使测试系统中只有一个接地点和LO端连接。一般情况下,要使所有信号的地端在UUT上连接,同时确信EARTH键处于关闭状态(指示灯不亮)。对于$330\mu A$电流量程和合成电阻、电容功能,尤其要确保EARTH键处于关闭状态。通常,仅在被测仪器UUT处于与地完全绝缘的交直流电压功能时,才启动EARTH键。然而5520A校准器必须有一个安全接地点。当5520A校准器输出有效时,会出现LOS软键,允许在NORMAL LO端和AUX LO端之间接通或断开内部连接。当两端接通且EARTH键被启动时,两个LO端都与机箱地相连。

GUARD是一个与机箱绝缘的电气屏蔽,用来保护模拟电路。屏蔽保护为共模干扰提供了一条低阻抗的通路。通常模拟低端NORMAL LO与屏蔽是连接在一起的。按下EXGRD键,就切断了屏蔽在内部的连接,可以用导线将屏蔽连接至系统中另一台仪器的接地端。这种应用仅适合于被测仪器的低端已连接至地线的情况。要注意的是,在一个系统中只能保有一个接地端。

(14) 四线和二线接法。

四线连接和二线补偿连接是指在5520A校准器与UUT的连接中消除测试线电阻,保证校准输出最高准确度的方法。

四线方式和二线补偿式连接方法的外部取样能力,可以提高阻值低于$110k\Omega$的电阻和容值高于110nF的电容的测量准确度。设置5520A校准器电阻和电容输出包括:选择四线补偿(COMP4-wire)、二线补偿(COMP 2-wire)和二线无补偿(COMP off)。要注意的是,电容的补偿连接用于补偿引线电阻和内部电阻,而不是补偿引线电容和内部电容。

① 四线连接是校准实验室测量仪器的典型接法,可以提高阻值低于 110kΩ 的电阻和 110nF 及其以上容值电容的测量准确度。对于其他的数值,引线电阻不至于降低校准准确度,校准器可变换为不补偿(COMP off)。

② 二线补偿:二线连接是校准具有二线输入的精密手持式数字多用表的典型接法,可以提高阻值低于 110kΩ 的电阻和容值高于 110nF 的电容的测量准确度。对于其他的数值,校准器可变换为不补偿(COMP off)。

③ 二线无补偿:二线无补偿接法是校准具有二线输入的手持式模拟表和数字多用表的典型接法。这种接法适用于电阻和电容功能的所有输出值,通常在模拟仪表或数字多用表的准确度等级不需要附加精密度时选用。当由非电阻电容输出功能转换为电阻或电容输出功能时,5520A 默认选择无补偿。

3. 校准示波器

(1) 5520A 型多功能校准器示波器输出端口(如图 3-5 所示)。

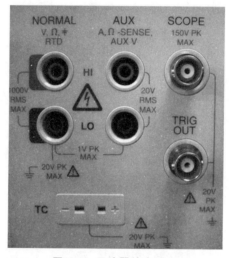

图 3-5 示波器输出端口

- 校准示波器信号输出端:SCOPE。
- 校准示波器触发输出端:TRIG OUT。
- 稳幅正弦波至:300MHz/600MHz。
- 幅度的校准:1mV～50 V_{P-P}。
- 快沿脉冲:<400ps/300ps。
- 时标:2ns～5s。

(2) 校准示波器的技术要求。

- 垂直灵敏度:标准电压。
- 水平灵敏度:扫描时标。
- 频率响应:稳幅正弦波。
- 脉冲响应:快沿脉冲。

- 触发灵敏度:稳幅正弦波。
- 输入阻抗测试。

（3）信号通道、示波器输入阻抗和触发的选择设置。

① 选择示波器信号通道,设置示波器输入阻抗为 50Ω 或 1MΩ。

② 依据示波器实际情况,稳幅正弦波和快沿功能时,示波器输入端必须为 50Ω,如果示波器无 50Ω 输入电阻选择,需要外接 50Ω 通过式终端匹配器。

③ 示波器选用外触发,连接校准器触发电缆至示波器外触发输入。选择使用输出触发信号,调节示波器使波形稳定显示。

（4）连接校准器和示波器,设置输入阻抗和触发（如图 3-6 所示）。

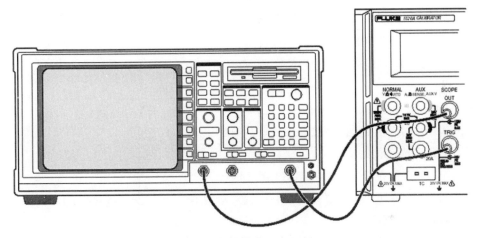

图 3-6　连接校准器和示波器

（5）示波器校准功能。

按下 SCOPE 键进入示波器校准菜单,选择按下一个软键,可进入对应的子功能菜单（如图 3-7 所示）。

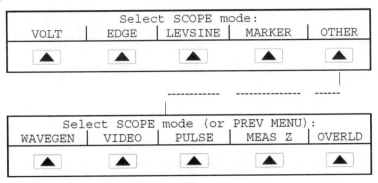

图 3-7　示波器校准菜单

（6）幅值（volt）校准功能。

① DCV 准确度 0.25%/0.05%,0～±6.6V_{P-P}至 50Ω,0～±130V_{P-P}至 1MΩ。

② 方波准确度 0.25%/0.1%,±1mV～±6.6V_{P-P}至 50Ω,±1mV～±130V_{P-P}至 1MΩ。

③ 按下 VOLTAGE 键进入幅值校准菜单（如图 3-8 所示）。

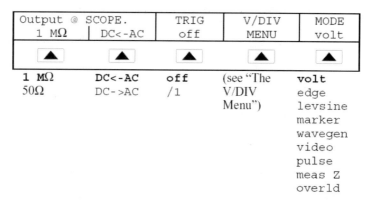

图 3-8 按下 VOLTAGE 键进入幅值校准菜单

菜单的具体功能说明如下。

- Output @ SCOPE：显示信号通道位置。
- 1MΩ：选择示波器输入阻抗 1MΩ/50Ω。
- DC←AC：在 AC-DC 之间选择转换，AC 时默认 1kHz。
- TRIG：选择触发输出。
- V/DIV MENU：选择示波器量程（灵敏度）。
- MODE：选择其他功能。

注意，在 50Ω 阻抗时，示波器应选择直流耦合。

④ 按下 V/DIV MENU 键进入幅值设置菜单（如图 3-9 所示），选择与示波器对应的量程，利用加减键选择格数。

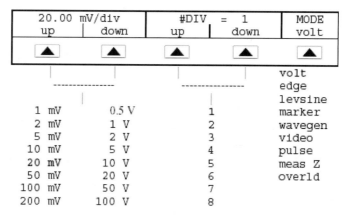

图 3-9 按下 V/DIV MENU 键进入幅值设置菜单

⑤ 在 MODE 方式选择 volt 功能进入幅值校准菜单（如图 3-10 所示）。

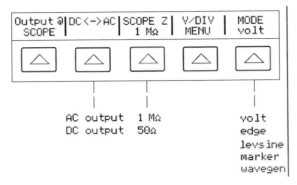

图 3-10 MODE 方式选择 volt 进入幅值校准菜单

菜单的具体功能说明如下。
- DC<->AC：在 AC-DC 之间选择转换。
- SCOPE Z：选择示波器输入阻抗 1MΩ/50Ω。
- V/DIV MENU：选择示波器量程（灵敏度）。
- MODE：选择其他功能。

注意，在 50Ω 阻抗时，示波器应选择直流耦合。

⑥ 校准电压幅值要点。

进入电压幅值菜单，连接，设置信号通道，示波器输入阻抗和触发，将校准器设置为和示波器同样的量程，设置合适的幅值。按 OPR 键输出信号校准模拟示波器，要调整旋轮使格数与目标值一致，直接得到 UUT 误差。数字示波器可以直接读数，也可以采用与校准模拟示波器相同的方法。

(7) 校准示波器频响。

① 稳幅正弦波。先测量 50kHz 稳幅正弦波，显示 6 格，为 100%。再增加频率，直至幅值下降至约 4.2 格，为原幅值的 0.707。通常有 $t_r = 0.35/f_T$，例如，1GHz 的示波器快沿约为 350ps，如图 3-11 所示。

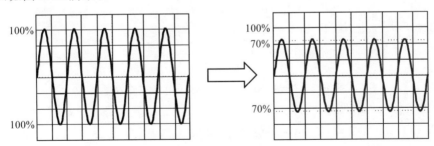

图 3-11 1GHz 的示波器快沿

② 选择 Levsine 功能，进入频率响应菜单（如图 3-12 所示）。

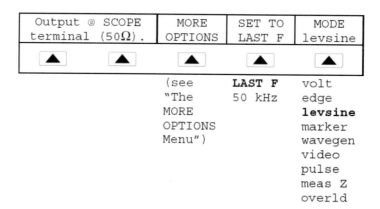

图 3-12 选择 Levsine 功能进入频率响应菜单

菜单的具体功能说明如下。

- Output @ SCOPE：显示信号通道位置。
- MORE OPTIONS：选择特殊选择菜单。
- SET TO LAST F：在 50kHz 和设置频率之间切换。
- MODE：选择其他功能。

③ 扫频检验示波器频响。

a. 按下 MORE OPTIONS 键，进入特殊选择菜单（如图 3-13 所示）。

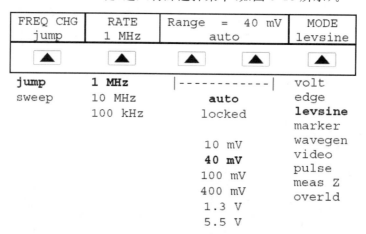

图 3-13 按 MORE OPTIONS 键进入特殊选择菜单

菜单的具体功能说明如下。

- FREQ CHG：在 jump/sweep（跳频/扫频）之间选择。
- RATE：选择扫频速率。
- Range：选择自动量程 auto 或固定量程锁 locked。
- MODE：选择其他功能。

b. 扫频检验示波器频响。

确认校准器在特殊选择菜单，设置校准器于扫频起点（如 50kHz），在频率响应菜单选择 sweep（扫频），键入结束频率，按 ENTER 键启动扫频，观察幅值变化情况，注意在接近原幅值的 0.707 处按 HALT SWEEP 软键可中断扫频(如图 3-14 所示)。

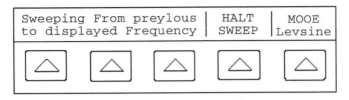

图 3-14 按 HALT SWEEP 软键进入中断扫频菜单

c. 检验示波器频响要点。

选择 Levsine 功能,进入频率响应菜单,连接,设置信号通道,选择示波器输入阻抗和触发(示波器输入阻抗应选择 50Ω,直流耦合)。校准器先输出 50kHz(参考频率),使示波器显示幅值为 6 格。校准器输出示波器带宽频率,观察幅值变化,示波器显示幅值应大于 4.2 格,即参考频率幅值的 0.707。也可以使用扫频法。

校准器快沿:小于 400ps/300ps,5mV~2.5V_{P-P}。

通常有:$f_T=0.35/t_r$,例如,100MHz 的示波器上升时间约为 3.5ns,如图 3-15 所示。

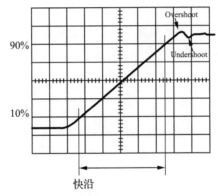

图 3-15 上升时间定义为脉冲幅值从 10%升至 90%的渡越时间

(8)校准上升时间。

选择 edge 功能进入快沿菜单(如图 3-16 所示)。

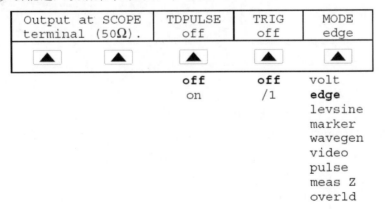

图 3-16 选择 edge 功能进入快沿菜单

菜单的具体功能说明如下。
- Output at SCOPE：显示信号通道位置。
- TDPULSE：选择使用隧道二极管脉冲器。
- TRIG：选择触发输出。
- MODE：选择其他功能。

校准上升时间要点如下：

连接，设置信号通道，示波器输入阻抗和触发（示波器输入阻抗必须是 50Ω），选择 edge 功能进入快沿菜单，设置输出快沿，键入幅值和频率。调整示波器，时间设置为最快，观察示波器的上升时间 t_r。

示波器上升时间 $t_0 = \sqrt{t_r^2 - t_p^2}$，其中，$t_p$ 为校准器的延迟时间。对于带宽 300MHz/400MHz 以下的示波器，校准器的快沿延迟可以忽略。用类似方法测试示波器的下降时间。

（9）使用隧道二极管脉冲器。

隧道二极管脉冲器可产生 125ps 快沿，校准器输出 $80V_{P-P}$、100kHz 驱动方波信号，将隧道二极管脉冲器安装在示波器输入端（如图 3-17 所示），在快沿菜单按 TDPULSE 软键，选择 on，按 OPR 键输出。必要时，调整脉冲器使波形最佳。观察示波器上波形 10%~90% 的时间 t_r，示波器上升时间 $t_0 = \sqrt{t_r^2 - t_p^2}$，其中，$t_p$ 为隧道二极管脉冲器的延迟时间。

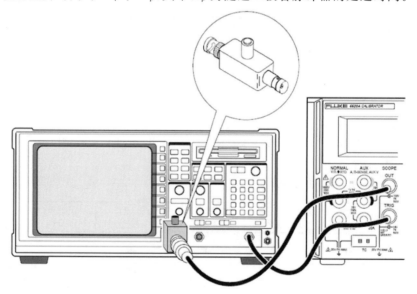

图 3-17　示波器输入端的隧道二极管脉冲器安装

时标校准功能可用于校准水平灵敏度，时标信号为 5s~2ns/500ps，尖脉冲大于 20ns，方波、正弦波小于 10ns，准确度为 2.5ppm。输出时标信号，检查示波器水平轴时间间隔的准确度，如图 3-18 所示。

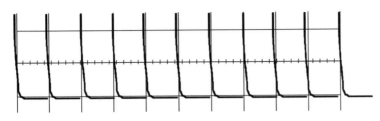

图 3-18　示波器水平轴时间间隔的准确度

(10) 校准扫描时间。

选择 marker 功能,进入时标菜单,如图 3-19 所示。

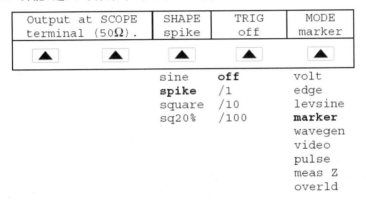

图 3-19　选择 marker 功能进入时标菜单

Output at SCOPE 显示信号通道位置,示波器输入阻抗应为 50Ω,SHAPE 用于选择时标形状,即正弦、尖脉冲、方波、20% 方波。在 TRIG 中可选 1、1/10、1/100 触发分频,off 为不用。校准先进的数字示波器时,应采用延迟(Delay)功能放大标尺。

校准扫描时间要点如下:

连接,设置信号通道,示波器输入阻抗和触发,选择 marker 功能,进入时标菜单,选择时标信号(正弦、方波、方波 20%、尖脉冲),设置校准器和示波器同样的量程,设置合适的幅值。按 OPR 键输出时标信号,观察示波器上波形时间,并与校准器时标信号比较,调整旋轮,使读数与目标值一致,直接得到 UUT 误差,校准先进的数字示波器时,应采用延迟(Delay)功能放大标尺。

(11) 测试示波器的触发功能。

示波器有内/外触发功能,常用稳幅正弦波测试触发功能。内触发功能用单通道信号,外触发时用两路相同的正弦波。用额定的最高频率、最小幅值的正弦信号测试示波器触发能力。调整示波器触发设置,考查波形能否稳定显示。

示波器触发功能使用要点如下:

连接,设置信号通道,示波器输入阻抗和触发。选择 levsine 功能(如图 3-20 所示),进入频率响应菜单。设置额定的最高频率、最小幅值的正弦信号。调整示波器触发设置,考查波形能否稳定显示。

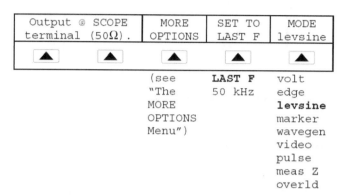

图 3-20 选择 levsine 功能进入频率响应菜单

测试外触发时,可用功率分配器将输出连接示波器的外触发输入的一个信号通道。调整示波器触发设置,考查波形能否稳定显示。

(12) 阻抗测量功能。

按 MODE 软键,选择 meas Z 功能,进入阻抗测量菜单(如图 3-21 所示)。

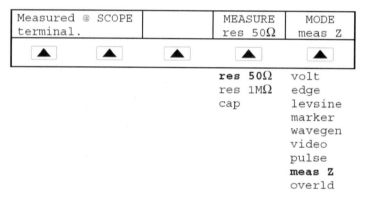

图 3-21 选择 meas Z 功能进入阻抗测量菜单

测试输入电阻时要求功率为 40~60W 或 500kW~1.5MW;测试电容时,如电容值在 5~50pF,要求输入电阻在 1MΩ 时进行测试。

(13) 输入保护电路测试(如图 3-22 所示)。

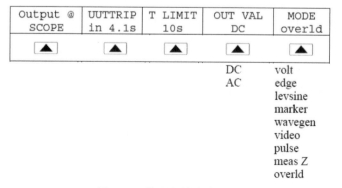

图 3-22 输入保护电路测试

菜单的具体功能说明如下：
- Output @ SCOPE：显示信号通道位置。
- UUTTRIP：指示保护动作的时间。
- T LIMIT：最长激励时间，默认为 10s。
- OUT VAL：激励电压类型，5～9V。

激励电压数值显示在输出屏幕上。

测试步骤如下：

① 连接校准器和示波器的通道。
② 选择激励电压，输入电压数值。
③ 输出激励信号，考查示波器是否动作（断开）。

三、技能训练

1. 技能训练要求

(1) 根据课题的要求，完成 5520A 型多产品校准器的使用。
(2) 按照要求使用仪表进行示波器校验。
(3) 时间：60 分钟。

2. 技能训练内容

(1) 熟悉 5520A 型多产品校准器操作界面。
(2) 示波器基准校验。

3. 技能训练使用的工量具明细表（如表 3-1 所示）。

表 3-1 工量具明细表

名　称	规格（型号）	数量
多产品校准器	5520A 型	1
模拟式或数字式示波器		1

4. 技能训练步骤

(1) 为 5520A 型多产品校准器进行开机预热，预热时间 60 分钟。
(2) 熟悉 5520A 型多产品校准器前面板、后面板。
(3) 掌握用 5520A 型多产品校准器对示波器进行校验时的端口连接方法。
(4) 使用 5520A 型多产品校准器校准示波器的幅值、频响、扫描时间、水平灵敏度，操作时注意人身安全及设备安全。

5. 技能评分标准(如表3-2所示)

表3-2 技能评分标准

课题名称		多产品校准器的使用	额定时间	60分钟
课题要求	配分	评 分 细 则		得分
端口连接	10	端口连接错误,每失误1次扣2分		
		端口连接不正确或不能连接,扣10分		
幅值校准	20	幅值校准,每失误1次扣4分		
		不会校准幅值或校准误差大于3%,扣10分		
频响校准	20	频响校准,每失误1次扣4分		
		不会校准频响或校准误差大于3%,扣10分		
扫描时间校准	20	扫描时间校准,每失误1次扣4分		
		不会校准扫描时间或校准误差大于3%,扣10分		
水平灵敏度校准	20	水平灵敏度校准,每失误1次扣4分		
		不会校准水平灵敏度或校准误差大于3%,扣10分		
安全生产,无事故发生	10	安全文明生产,符合操作规程,不扣分		
		经提示后能规范操作,扣5分		
		不能文明生产,不符合操作规程,扣10分		

评分教师: 日期:

课题四　直流稳压电路的制作

【教学目的】

(1) 在理解和掌握直流稳压电路工作原理的基础上,独立完成电路的安装与调试。

(2) 掌握电子电路的分析能力、读图能力和动手能力。

【任务分析】

直流稳压电路是一种将220V工频交流电转换成稳压输出的直流电压的装置,它需要经过变压、整流、滤波、稳压四个环节才能完成。通过实验,掌握直流稳压工作原理,完成电路安装、调试。

一、电路介绍

很多电子线路都需要有稳定的直流电源提供能量。虽然有些情况下可用化学电池作为直流电源,但大多数情况是需要利用电网提供交流电源经过转换而得到直流电源的。直流稳压电源就是把交流电通过整流变成脉动的直流电,再经过滤波稳压变成稳定的直流电的设备,一套完整的直流稳压电路如图4-1所示。

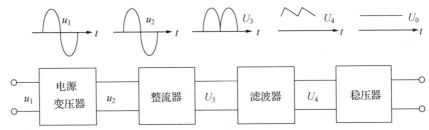

图 4-1　直流稳压电源的组成

1. 整流电路

(1) 单相半波整流电路。

① 电路图[如图4-2(a)所示]。

整流变压器将电压U_1变为整流电路所需的电压U_2,它的瞬时表达式为$u_2 = \sqrt{2} U_2 \sin\omega t$,波形如图4-2(b)所示。

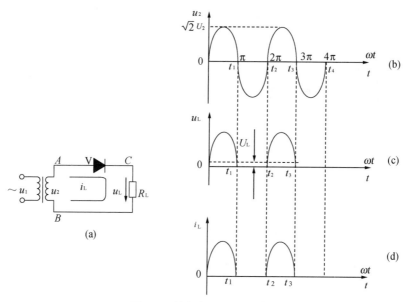

图 4-2 单相半波整流电路图

② 工作原理。

在交流电的一个周期内,二极管半个周期导通半个周期截止,以后周期性地重复上述过程,负载 R_L 上电压和电流波形如图 4-2(c)、(d)所示。由于输出的脉动直流电的波形是输入的交流电波形的一半,故称为半波整流电路。输出电压 u_L 中包含直流成分与交流成分,与输入的交流电比较有了本质的改变,即变成了大小随时间改变但方向不变的脉动直流电。

③ 负载和整流二极管上的电压和电流。

单相半波整流电压的平均值为

$$U_0 = \frac{1}{2\pi}\int_0^\pi \sqrt{2}U_2 \sin\omega t \, d\omega t = \frac{\sqrt{2}}{\pi}U_2 = 0.45U_2$$

流过负载电阻 R_L 的电流平均值为

$$I_0 = \frac{U_0}{R_L} = 0.45\frac{U_2}{R_L}$$

流经二极管的电流平均值与负载电流平均值相等,即

$$I_D = I_0 = 0.45\frac{U_2}{R_L}$$

二极管截止时承受的最高反向电压为 u_2 的最大值,即

$$U_{RM} = u_{2M} = \sqrt{2}U_2$$

一般常用如下经验公式估算电容滤波时的输出电压平均值

$$半波\ U_0 = U_2$$

(2) 单相全波整流电路。

① 电路图。

变压器中心抽头式单相全波整流电路如图 4-3 所示。V_1、V_2 为性能相同的整流二极

管，V_1 的阳极连接 A 点，V_2 的阳极连接 B 点；T 为电源变压器，作用是产生大小相等而相位相反的 U_{2a} 和 U_{2b}。

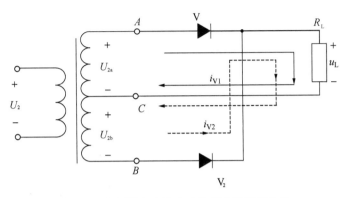

图 4-3 变压器中心抽头式单相全波整流电路

② 工作原理。

设正半周时，图 4-3 中 A 端为正，B 端为负，则 A 端电位高于中心抽头 C 处电位，且 C 处电位又高于 B 端电位。二极管 V_1 导通，V_2 截止，电流 i_{V1} 自 A 端经二极管 V_1 自上而下流过 R_L 到变压器中心抽头 C 处；当 V_1 为负半周时，B 端为正、A 端为负，则 B 端电位高于中心抽头 C 处电位，且 C 处电位又高于 A 端电位。二极管 V_2 导通，V_1 截止，电流 i_{V2} 自 B 端经二极管 V_2，也自上而下流过负载 R_L 到 C 处，i_{V1} 和 i_{V2} 叠加形成全波脉动直流电流 i_L，在 R_L 两端产生全波脉动直流电压 u_L。

可见，在整个周期内，流过二极管的电流 i_{V1}、i_{V2} 叠加形成全波脉动直流电流 i_L，于是 R_L 两端产生全波脉动直流电压 U_L。故电路称为全波整流电路，电路波形图如图 4-4 所示。

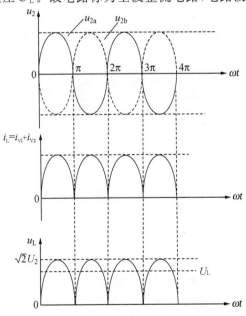

图 4-4 单相全波整流电路波形图

③ 负载和整流二极管上的电压和电流。

全波整流电路的负载 R_L 上得到的是全波脉动直流电压,所以全波整流电路的输出电压比半波整流电路的输出电压增加一倍,电流也增加一倍,即

$$I_L = 0.9 I_2$$

二极管的平均电流只有负载电流的一半,即

$$I_V = \frac{1}{2} I_L$$

二极管承受的反向峰值电压是变压器次级两个绕组总电压的峰值,即

$$U_{RM} = 2\sqrt{2} U_2$$

(3) 单相桥式全波整流电路。

① 电路图。

单相桥式全波整流电路如图 4-5 所示。它是由四只整流二极管 $V_1 \sim V_4$ 电路和电源变压器 T 组成的,R_L 是负载。

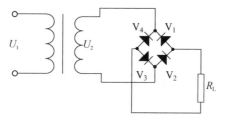

图 4-5 单相桥式全波整流电路

② 工作原理。

V_2 正半周时,如图 4-6(a)所示,A 点电位高于 B 点电位,则 V_1、V_3 导通(V_2、V_4 截止),i_1 自上而下流过负载 R_L。

V_2 负半周时,如图 4-6(b)所示,A 点电位低于 B 点电位,则 V_2、V_4 导通(V_1、V_3 截止),i_2 自上而下流过负载 R_L。

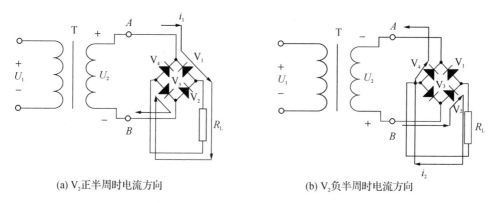

(a) V_2 正半周时电流方向　　　　　　　(b) V_2 负半周时电流方向

图 4-6 桥式整流电路工作过程

由波形图 4-7 可见,V_2 一周期内,两组整流二极管轮流导通产生的单方向电流 i_1 和 i_2 叠加形成了 i_L,于是负载得到全波脉动直流电压 U_L。

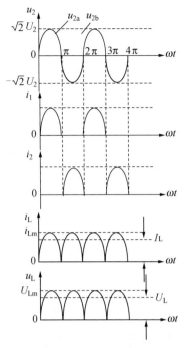

图 4-7 桥式整流电路工作波形图

③ 负载和整流二极管上的电压和电流。

负载电压为

$$U_L = 0.9V_2$$

负载电流为

$$I_L = \frac{U_L}{R_L} = \frac{0.9V_2}{R_L}$$

二极管的平均电流为

$$I_V = \frac{1}{2}I_L$$

如图 4-8 所示,二极管承受的反向峰值电压为

$$U_{RM} = \sqrt{2}U_2$$

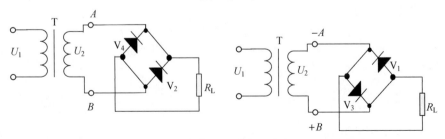

图 4-8 桥式整流二极管承受的反向峰值电压

该电路的优点是输出电压高,纹波小,U_{RM} 较低,应用广泛。桥式整流电路简化画法如图 4-9 所示。

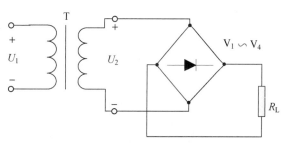

图 4-9　桥式整流电路简化画法

2. 滤波电路

滤波电路将整流电路输出电压中的交流成分大部分加以滤除,从而得到比较平滑的直流电压。各滤波电容 C 满足 $R_L C=(3\sim5)T/2$,或中 T 为输入交流信号周期,R_L 为整流滤波电路的等效负载电阻。

3. 稳压电路

(1) 稳压二极管电路。

稳压电路中利用硅稳压二极管的稳压特性,实现直流工作电压的稳压输出。这种直流稳压电路的稳压特性一般,往往只用于稳定局部的直流电压,在整机电源电路中一般不用。

最简单的稳压电路由稳压二极管组成,如图 4-10 所示。从稳压二极管的特性可知,若能使稳压管始终工作在它的稳压区内,则 V_o 基本稳定在 V_Z 左右。

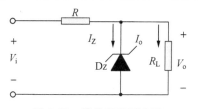

图 4-10　简单的稳压电路

当电网电压升高时,若要保持输出电压不变,则电阻器 R 上的压降应增大,即流过 R 的电流增大。这增大的电流由稳压二极管容纳,它的工作点将移动,由特性曲线(如图 4-11 所示)可知 $V_o \approx V_Z$ 基本保持不变。

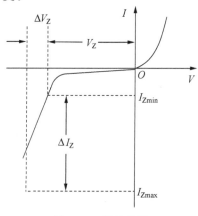

图 4-11　特性曲线

若稳压二极管稳压电路负载电阻变小时,要保持输出电压不变,负载电流就要变大。V_1 保持不变,则流过电阻 R 的电流不变。增大的负载电流由稳压管调节,它的工作点将移动,如图 4-12 所示。可认为稳压管通过调节流过自身电流的大小(端电压基本不变)来满足负载电流的改变,并和限流电阻 R 配合将电流的变化转化为电压的变化以适应电网电压的变化。

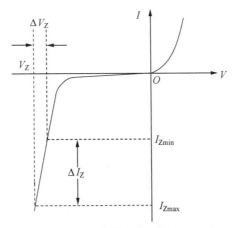

图 4-12 稳压二极管稳压电路负载工作点变化

(2) 串联调整管稳压电路。

串联调整管稳压电路利用了三极管集电极与发射极之间阻抗随基极电流大小变化而变化的特性,进行直流输出电压的自动调整,实现直流输出电压的稳定。在这种稳压电路中的三极管(调整管)一直处于导通状态。

串联调整管稳压电路如图 4-13 所示。V_1 为调整管,起电压调整作用;V_2 是比较放大管,与集电极电阻 R_4 组成比较放大器;V_3 是稳压管,与限流电阻 R_3 组成基准电源,为 V_2 发射极提供基准电压;R_1、R_2 和 R_P 组成采样电路,取出一部分输出电压变化量加到 V_2 管的基极,与 V_2 发射极基准电压进行比较,其差值电压经过 V_2 放大后,送到调整管的基极,控制调整管的工作。

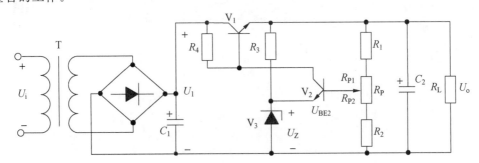

图 4-13 串联调整管稳压电路

(3) 开关型稳压电路。

开关型稳压电路是一种高性能的直流稳压电路,稳压原理比较复杂,在这种电路中的三极管(开关管)处于导通、截止两种状态的转换中,即工作在开关状态,开关型稳压电路由此得名。

开关型直流稳压电源的基本构成如图 4-14 所示。由图可见,这种电源没有电源变压器,而是将电网交流电压直接整流,再加到 DC-DC 变换器上。变换器是一个由调整管等组成的高频变换电路,由控制电路送出一定周期的脉冲控制信号,使调整管不断地导通和截止。于是输入的直流电压被变换成矩形脉冲电压,再通过高频变压器耦合,将次级矩形脉冲电压整流滤波,即可获得稳定的直流电。

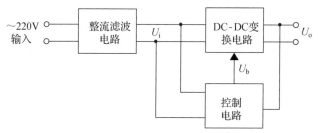

图 4-14 开关电源的基本构成

开关型稳压电源与线性稳压电源相比,主要差别在于变换器的调整方式不同,它不是通过改变调整管的内阻来调整输出电压,而是通过控制调整管的导通时间来实现电压调整的。调整管不是工作在放大区,而是工作在饱和及截止区即开关状态。由于调整管工作在高频开关状态(几十千 Hz 至几兆 Hz),所以称之为开关管,开关式稳压电源也因此而得名。

(4) 三端集成稳压电路。

三端集成稳压电路是一种集成电路的稳压电路,其功能是稳定直流输出电压。这种集成电路只有三根引脚,使用很方便,在许多场合都有着广泛应用。它的样子像是普通的三极管,按 TO-220 的标准封装,也有像 9013 样子的 TO-92 封装。

① 固定电压输出电路。

a. 单电压电路。

如图 4-15 为单电压电路,图中 C_1 为抗干扰电容,C_2 为防自激电容,VD_1 输入短路时,C_2 放电保护二极管。

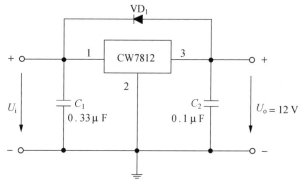

图 4-15 单电压电路

b. 正、负电压电路。

选用不同稳压值的 78 和 79 系列管子,可构成同时输出不对称正、负电压的稳压电路,如图 4-16 所示。

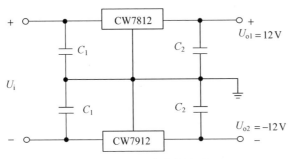

图 4-16　正、负电压电路

② 可调电压输出电路。

a. 正电压输出可调稳压电路（如图 4-17 所示）。

电路由 LM317 构成集成电路，具有调压范围宽、稳压性能好、噪声低、纹波抑制比高等优点。LM317 是可调节三端正电压稳压器，在输出电压范围为 1.2～37V 时能够提供超过 1.5A 的电流，此稳压电路非常易于使用。

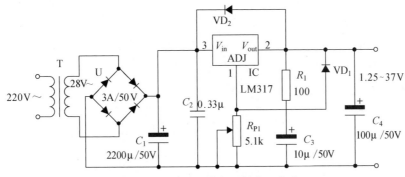

图 4-17　正电压输出可调稳压电路

b. 负电压输出可调稳压电路（如图 4-18 所示）。

1、2 脚之间为 1.25V 电压基准。为保证稳压器的输出性能，R_1 应小于 240Ω。改变 R_2 阻值即可调整稳压电压值。D_1、D_2 用于保护 LM337。

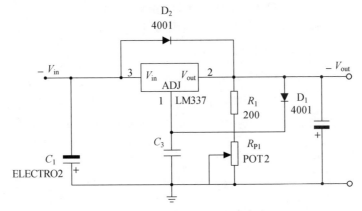

图 4-18　负电压输出可调稳压电路

二、元器件介绍及应用

1. 78/79 系列三端稳压

用 78/79 系列三端稳压 IC 来组成稳压电源所需的外围元件极少,电路内部还有过流、过热及调整管的保护电路,使用起来可靠、方便,而且价格便宜。该系列集成稳压 IC 型号中的 78 或 79 系列后面的数字代表该三端集成稳压电路的输出电压,如 7806 表示输出电压为 +6V,7909 表示输出电压为 -9V。

三端集成稳压电路的输入、输出和接地端绝不能接错,不然容易烧坏。一般三端集成稳压电路的最小输入、输出电压差约为 2V,否则不能输出稳定的电压,一般应使电压差保持在 4～5V,即经变压器变压、二极管整流、电容器滤波后的电压应比稳压值高一些 。

在实际应用中,应在三端集成稳压电路上安装足够大的散热器(当然小功率的条件下不用)。当稳压管温度过高时,稳压性能将变差,甚至稳压器将被损坏。

当制作中需要一个能输出 1.5A 以上电流的稳压电源时,通常采用几块三端稳压电路并联起来,使其最大输出电流为若干个 1.5A,应用时需注意并联使用的集成稳压电路应采用同一厂家、同一批号的产品,以保证参数的一致。另外,在输出电流上需留有一定的余量,以避免个别集成稳压电路失效时导致其他电路连锁烧毁。

在 78、79 系列三端稳压器中最常应用的是 TO-220 和 TO-202 两种封装。这两种封装的图形以及引脚序号、引脚功能如图 4-19 所示,(a)、(b) 为 TO-220 封装;(c)、(d) 为 TO-202 封装。

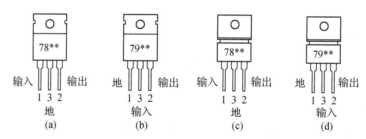

图 4-19　78、79 系列三端稳压器示意图

此外,还应注意散热片总是和最低电位的第 3 脚相连。这样在 78 系列中,散热片和地相连接,而在 79 系列中,散热片和输入端相连接。

2. LM317/LM337 三端可调稳压器集成电路

LM317/LM337 三端可调稳压器集成电路(如图 4-20 所示)是使用极为广泛的一类串联集成稳压器。LM317 的输出电压范围是 1.2～37V,LM337 的输出电压范围是 -37～-1.2V,负载电流最大为 1.5A。它的使用非常简单,仅需两个外接电阻来设置输出电压。

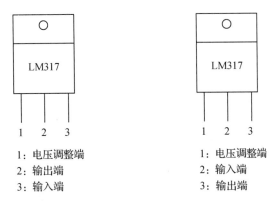

图 4-20　LM3177/LM337 三端可调稳压器集成电路

三、技能训练

1. 技能训练要求

(1) 根据课题的要求,按照电子原理图完成印板的焊接和线路连接。

(2) 按照步骤要求进行电子印板的调试与测量。

(3) 时间:60 分钟。

2. 技能训练内容

(1) 按照直流稳压电路原理图在实训套件上进行焊接和线路连接。

(2) 检查接线正确无误后通电调试与测量。

(3) 按照指导教师的要求叙述工作原理。

3. 技能训练使用的设备、工具、材料

万用表	1 台
双踪示波器	1 台
信号发生器	1 台
直流稳压电路套件	1 套
30W 电烙铁	1 台
焊丝	若干
松香	若干
连接导线	若干

4. 技能训练步骤

(1) 按电路原理图在实训套件上焊接,按要求焊接,应无虚焊、无脱焊、无桥接等,并应检查焊点是否光滑、无毛刺。

(2) 完成电路安装、调试,并向指导教师演示。

5. 技能评分标准(如表 4-1 所示)

表 4-1 技能评分标准

课题名称		直流稳压电路的制作	额定时间	60 分钟
课题要求	配分	评 分 细 则		得分
焊接接线	20	每有虚焊、脱焊、桥接,扣 5 分		
		每有 1 处错接,扣 5 分		
调试	30	每通电 1 次,不成功每处扣 5 分		
		通电调试不成功或不能调试,扣 30 分		
仪器使用及测试	10	使用万用表、示波器错误,每处扣 3 分		
		不能正确使用万用表、示波器,扣 10 分		
原理叙述	30	电路概述不全面,扣 3~25 分		
		整体电路不会概述,扣 30 分		
安全生产,无事故发生	10	安全文明生产,符合操作规程,不扣分		
		经提示后能规范操作,扣 5 分		
		不能文明生产,不符合操作规程,扣 10 分		

评分教师:　　　　　　　　　　　　日期:

课题五　湿度检测报警电路的制作

【教学目的】

（1）在理解和掌握湿度检测报警电路制作工作原理的基础上，独立完成电路的安装与调试。

（2）掌握电子电路的分析能力、读图能力和动手能力。

【任务分析】

湿度检测报警电路是一种通过检测电路将待测表面由于发生渗漏而导致的表面绝缘电阻变化转换成微电流变化的报警电路，通过实验，完成电路安装、调试。

一、电路介绍

湿度检测报警电路通过检测电路将待测表面由于发生渗漏而导致的表面绝缘电阻变化转换成微电流变化，进而通过电路将微电流变化信号转变为电压信号。随后将该电压信号与基准电压信号比较，当电压小时触发报警系统报警。当环境变化时，可通过调节电位器来调节检测值，同时采用跟随电路提高信号的传输稳定性。湿度检测报警电路原理图如图 5-1 所示。

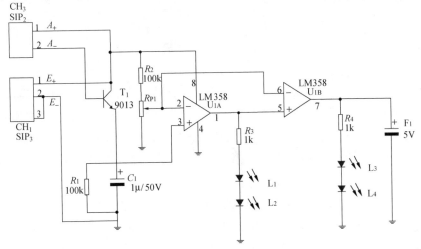

图 5-1　湿度检测报警电路原理图

二、元器件介绍及应用

1. 双运算放大器 LM358

LM358 内部包括有两个独立的、高增益、内部频率补偿的双运算放大器,适合于电源电压范围很宽的单电源使用,也适用于双电源工作模式,在推荐的工作条件下,电源电流与电源电压无关。它的使用范围包括传感放大器、直流增益模块和其他所有可用单电源供电的使用运算放大器的场合。

每一组运算放大器可用图 5-2 所示的符号来表示,它有 5 个引出脚,其中"＋""－"为两个信号输入端,"V_+""V_-"为正、负电源端,并有输出端。两个信号输入端中,V_{i-}(－)为反相输入端,表示运放输出端 V_o 的信号与该输入端的相位相反;V_{i+}(＋)为同相输入端,表示运放输出端 V_o 的信号与该输入端的相位相同。LM358 的引脚排列如图 5-3 所示。

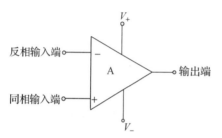
图 5-2 运算放大器符号

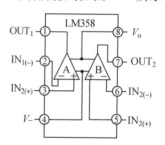
图 5-3 LM358 的引脚排列

2. 典型应用

(1) 反向放大器(如图 5-4 所示)。

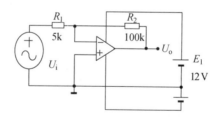
图 5-4 反向放大器

① 电路运行原理。

在反相比例运算放大器的电路结构中,运算放大器的同相输入端接地。当反向输入端信号电压为 0 的时候,输出端的电压如果高于 0,就会通过 R_1 和 R_2 串联回路,使得反向输入端的电压高于 0,反向输入端的电压高于同相输入端,就会使输出端的电压向负极变化。如果输出端电压低于 0,就会通过 R_1 和 R_2 串联回路,使反向输入端的电压低于 0,反向输入端的电压低于同相输入端,就会使输出端的电压向正极变化。所以,只有当放大器的输出电压等于 0 的时候,才会通过 R_1 和 R_2 串联回路,使反向输入端的电压等于同相输入端的电压(此时反向输入端与同相输入端的电压差等于 0),才会使输出端电压既不具备继续向正极变化也不具备继续向负极变化的条件。所以,当反向输入端信号电压为 0 的时候,输出端的电压会稳定在 0 的位置。

当反向输入信号电压为＋1V 的时候,输入信号会通过 R_1 使反向输入端的电压高于同向输入端的电压;输出端的电压因此会向负极变化,通过 R_1 和 R_2 反馈回路使反向输入端的电压随之降低。

如果输出端的电压没有达到－10V,反向输入端的电压就仍然高于 0,输出端的电压就会继续向负极变化。如果输出端的电压超过－10V,反向输入端的电压就会低于 0,输出端的电压就会反过来向正极变化。

只有当输出电压等于的－10V 时候,反向输入端的电压才会等于同相输入端的电压(反向输入端与同相输入端的电压差等于 0),才会使输出电压既不具备继续向正极方向变化也不具备继续向负极方向变化的条件。所以当反向输入端信号电压为＋1V 的时候,输出端的电压会稳定在－10V 的位置。电压放大倍数 $A_v = -R_2/R_1$。

当反向输入信号电压为－1V 的时候,根据同样的原理,电路结构性能会使输出端的电压稳定在＋10V 的位置。电压放大倍数 $A_v = -R_2/R_1$。

由此可见,反向比例运算放大器的电压放大倍数 $A_v = -R_2/R_1$。

② 反向放大器的虚短和虚地现象。

反向比例运算放大器在线性运行的时候,输出电压的变化总是通过反馈电阻网络使反向输入端的电压等于同相输入端的电压,虽然反向输入端没有直接接通同相输入端,却等于接通了同相输入端,相当于反向输入端与同相输入端短路,这就是所谓的虚短现象。

如果比例运算放大器的同相端是接地的,那么放大器反相输入端的电压也相当于总是与地相等,虽然没有接地却等同于接地,这就是所谓的虚地现象。

③ 反向放大器输入阻抗。

如果反向的运算放大器的同相输入端是直接接地的,放大器在正常运行的时候,反馈电压总是使反向输入端的电压等于同相输入端的电压(等于 0),相当于接地(虚地现象),所以此时反向比例运算放大器的输入阻抗 $R_i = R_1$。

④ 反向放大器输出阻抗。

反向比例运算放大器在正常运行的时候输出电压总是满足使反馈在反向输入端的电压等于同相端的电压($U_L = R_2 U_i / R_1$)。

假如输入信号的负半周使放大器的输出电压为正,此时在放大器输出端接上负载会引起输出电压下降,那么下降的输出电压就会通过 R_1 和 R_2 反馈回路使反向输入端的电压低于同相端的电压,于是又会引起输出端的电压上升到 R_1 和 R_2 反馈回路使反向输入端的电压等于同相输入端的电压。输出电压仍然符合 $U_L = R_2 U_i / R_1$,参数没有发生变化。

输出电流的变化不能引起输出电压的变化,相当于放大器输出端的内阻等于 0。

(2) 同相放大器(如图 5-5 所示)。

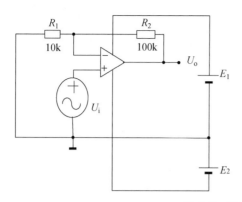 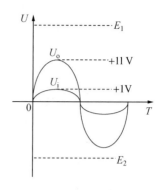

图 5-5 同向放大器

当同相输入端信号电压 $U_i=0$ 的时候,输出端的电压如果大于 0,就会通过 R_1 和 R_2 串联回路,使得反向输入端的电压大于 0,从而使输出电压向负极变化。如果输出端电压小于 0,就会通过 R_1 和 R_2 串联回路使反向输入端的电压小于 0,从而使输出电压向正极变化。

所以,只有当输出电压等于 0 的时候,反向输入端的电压才会等于同相输入端的电压(反向输入端与同相输入端的电压差等于 0),才会使输出端电压既不具备继续向正极变化的条件也不具备继续向负极变化的条件。

当同相输入信号电压为 +1V 的时候,输入信号会使同向输入端的电压高于反向输入端的电压;输出电压会向正极变化,R_1 和 R_2 组成的反馈回路也会使反向输入端的电压随之向正极变化。

如果输出端的电压没有达到 +11V,反向输入端的电压就仍然低于 +1V 的同相输入端电压,输出端的电压就会继续升高。

如果输出端的电压超过 +11V,反向输入端的电压就会高于 +1V 的同相输入端电压,输出端的电压就会降低。

只有当输出电压等于的 +11V 时候,反向输入端的电压才会等于同相输入端的电压(反向输入端与同相输入端的电压差等于 0),才会使输出端电压既不具备继续向正极变化的条件也不具备继续向负极变化的条件。所以,电路结构性能此时会使输出端的电压等于 +11V。电压放大倍数 $A_v=R_2/(R_1+1)$。

当同相输入信号电压为 -1V 的时候,根据同样的原理,电路结构性能会使输出端的电压等于 -11V。电压放大倍数 $A_v=R_2/(R_1+1)$。

由此可见,同相比例运算放大器的电压放大倍数 $A_v=R_2/(R_1+1)$。

(3) 跟随器(如图 5-6 所示)。

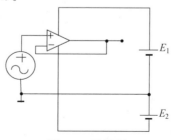

图 5-6 跟随器

无论同相输入端的信号电压是多少,输出端的电压只有变化到使反向输入电压等于同相输入电压的时候,才不具备使输出电压继续向正极或者向负极变化的条件。所以,输出电压总是等于同相输入电压,因此被称为跟随器。

跟随器的输出阻抗在理想状态下等于 0 的原理与比例运算放大器相同。

(4) 加法器(如图 5-7 所示)。

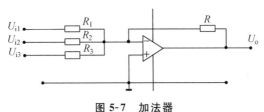

图 5-7 加法器

因为反馈回路会使反相输入端的电压始终等于同相输入端的电压(等于 0),所以没有电流流进和流出反向输入端,流过反馈电阻 R 的电流等于流过所有输入电阻的电流。

流过输入电阻的电流
$$I_R = I_{R1} + I_{R2} + I_{R3} + \cdots + I_{Rn}$$

输出电压倍数
$$A_o = -(R/R_1 + R/R_2 + R/R_3 + \cdots + R/R_n)$$

输出电压
$$U_o = -(U_{i1} \times R/R_1 + U_{i2} \times R/R_2 + U_{i3} \times R/R_3 + \cdots + U_{in} \times R/R_n)$$
$$= -R/(U_{i1} \times R_1 + U_{i2} \times R_2 + U_{i3} \times R_3 + \cdots + U_{in} \times R_n)$$

所以,加法器可以实现不同电压、不同波形、不同频率、不同相位的交直流信号的合成。

(5) 减法器(如图 5-8 所示)。

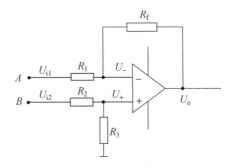

图 5-8 减法器

$$U_+ = \frac{R_3}{R_2 + R_3} U_{i2}$$

$$U_- = \frac{R_f}{R_1 + R_f} U_{i1} + \frac{R_1}{R_1 + R_f} U_o$$

由 $U_+ = U_-$ 得

$$\frac{R_1}{R_1 + R_f} U_o = \frac{R_3}{R_2 + R_3} U_{i2} - \frac{R_f}{R_1 + R_f} U_{i1}$$

若 $R_1 = R_2$,$R_3 = R_f$ 则

$$U_o = \frac{R_f}{R_1}(U_{i2} - U_{i1})$$

三、电路组成、调试

1. 电源端输入及湿度检测端输入(如图 5-9 所示)

图 5-9　电源端输入及湿度检测端输入

图中电源为直流电压 4.5～6V。

2. 取样、指示及报警电路(如图 5-10 所示)

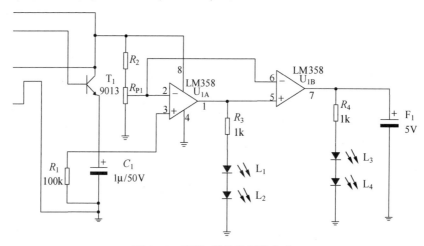

图 5-10　取样、指示及报警电路

T_1 与 R_1 组成温度取样电路,R_2 与 R_{P1} 为温度检测灵敏度设定电路,C_1 为滤波电容,U_{1A} 为电压比较器,U_{1B} 输出电流放大,R_3、R_4 为发光二极管 L_1、L_2、L_3、L_4 的限流电阻。发光二极管 L_1、L_2 为湿度正常工作指示,L_3、L_4 为湿度超出设定值报警指示。F_1 为蜂鸣器,在湿度过大时报警。

四、技能训练

1. 技能训练要求

(1) 根据课题的要求,按照电子原理图完成印板(如图 5-11 所示)的焊接和线路连接。

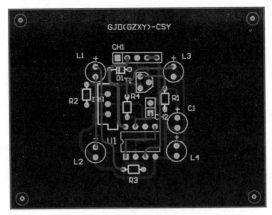

图 5-11　湿度检测报警印板图

（2）按照步骤要求进行电子印板的调试与测量。

（3）时间：360 分钟。

2．技能训练内容

（1）按照湿度检测报警电路原理图在实训套件（湿度检测报警电路）上进行焊接和线路连接。

（2）经检查，接线正确无误后通电调试与测量。

（3）按照指导教师的要求叙述工作原理。

3．技能训练使用的设备、工具、材料

万用表	1 台
双踪示波器	1 台
信号发生器	1 台
湿度检测报警电路套件	1 套
30W 电烙铁	1 台
焊丝	若干
松香	若干
连接导线	若干

4．技能训练步骤

（1）按电路原理图（如图 5-1 所示）在实训套件（湿度检测报警电路）上焊接，在焊接过程中应按要求焊接，使无虚焊、无脱焊、无桥接等，检查焊点是否光滑、无毛刺。电路中使用的元器件的具体指标如下：

100kΩ	R_1、R_2
1kΩ	R_3、R_4
1μ/50V	C_1
200kΩ(3296)	R_{p1}
9013(h)	T_1

LM358　　　　　　　U_{1A}、U_{1B}

LED 3mm　　　　　　L_1、L_2、L_3、L_4

5V 电磁式 SOT 塑封　F_1

(2) 完成电路安装、调试,并向指导教师演示。

5．技能评分标准(如表 5-1 所示)

表 5-1　技能评分标准

课题名称		湿度检测报警电路的制作	额定时间	360 分钟
课题要求	配分	评 分 细 则		得分
焊接接线	20	每有虚焊、脱焊、桥接,扣 5 分		
		每有 1 处错接,扣 5 分		
调试	30	每通电 1 次,不成功每次扣 5 分		
		通电调试不成功或不能调试,扣 30 分		
仪器使用及测试	10	使用万用表、示波器错误,每处扣 3 分		
		不能正确使用万用表、示波器,扣 10 分		
原理叙述	30	整体电路概述不全面,扣 5~15 分		
		整体电路不会概述,扣 20 分		
		取样电路工作原理叙述不全面,扣 3~7 分		
		取样电路工作原理不会叙述,扣 10 分		
安全生产,无事故发生	10	安全文明生产,符合操作规程,不扣分		
		经提示后能规范操作,扣 5 分		
		不能文明生产,不符合操作规程,扣 10 分		

评分教师:　　　　　　　　　　　日期:

课题六　过电压保护电路的制作

【教学目的】

(1) 在理解和掌握过电压保护电路工作原理的基础上,独立完成电路的安装与调试。

(2) 掌握电子电路的分析能力、读图能力和动手能力。

【任务分析】

过电压保护电路是一种可实现电压过高则自动保护的电路,通过实验,完成电路的安装、调试。

一、电路介绍

电压过高会对电子、电器产品造成损害,而且还有引起火灾的危险。当负载上电压超过设定的最高限值时,过电压保护电路能自动切断电源;当电源电压低于设定的最高允许限值时,它又能自动恢复对负载供电,所以该过电压保护电路能够对电子、电器产品进行保护。过电压保护电路原理图如图6-1所示。

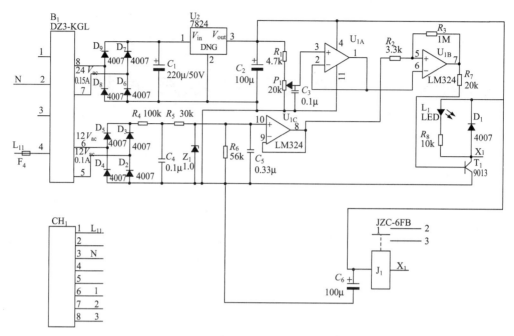

图 6-1 过电压保护电路原理图

二、元器件介绍及应用

1. 带有差动输入的四运算放大器 LM324

LM324 是四运放集成电路,它采用 14 脚双列直插塑料封装,可工作在单电源下,电压范围是 3~32V(或 16V)。它的内部包含四组形式完全相同的运算放大器,除电源共用外,四组运放相互独立。

每一组运算放大器可用图 6-2 所示的符号来表示,它有 5 个引出脚,其中"＋""－"为两个信号输入端,"V_+""V_-"为正、负电源端,还有一个输出端。两个信号输入端中,V_{i-}(－)为反相输入端,表示运放输出端 V_o 的信号与该输入端的相位相反;V_{i+}(＋)为同相输入端,表示运放输出端 V_o 的信号与该输入端的相位相同。LM324 的引脚排列如图 6-3 所示。

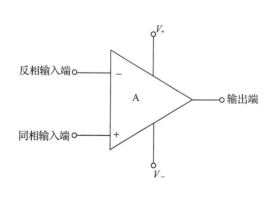

图 6-2 运算放大器符号

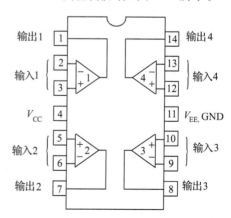

图 6-3 LM324 的引脚排列

2. 典型应用

(1) 同相交流放大器。

同相交流放大器(如图 6-4 所示)的特点是输入阻抗高。其中的 R_1、R_2 组成 $1/2V_+$ 分压电路,通过 R_3 对运放进行偏置。电路的电压放大倍数 A_v 也仅由外接电阻决定,即 $A_v=1+R_f/R_4$,电路输入电阻为 R_3。R_4 的阻值范围为几千欧姆到几十千欧姆。

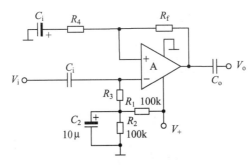

图 6-4 同相交流放大器

(2) 反相交流放大器。

如图 6-5 所示,此 LM324 组成的放大器可代替晶体管进行交流放大,可用于扩音机前置放大等。电路无须调试,放大器采用单电源供电,由 R_1、R_2 组成 $1/2V_+$ 偏置,C_1 是消振电容。

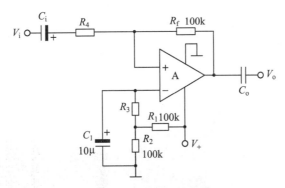

图 6-5 反相交流放大器

放大器电压放大倍数 A_v 仅由外接电阻 R_i、R_f 决定,即 $A_v=-R_f/R_i$。负号表示输出信号与输入信号相位相反。按图中所给数值,$A_v=10$。此电路输入电阻为 R_i。一般情况下先取 R_i 与信号源内阻相等,然后根据要求的放大倍数再选定 R_f。C_o 和 C_i 为耦合电容。

(3) 交流信号三分配放大器。

图 6-6 电路可将输入交流信号分成三路输出,三路信号可分别用于指示、控制、分析等,而对信号源的影响极小。因运放 A_i 输入电阻高,运放 $A_1 \sim A_4$ 均把输出端直接接到负输入端,信号输入至正输入端,相当于同相放大状态时 $R_f=0$ 的情况,故各放大器电压放大倍数均为 1,与分立元件组成的射极跟随器作用相同。R_1、R_2 组成 $1/2V_+$ 偏置,静态时 A_1 输出端电压为 $1/2V_+$,故运放 $A_2 \sim A_4$ 输出端亦为 $1/2V_+$,通过输入、输出电容的隔直作用,取出交流信号。

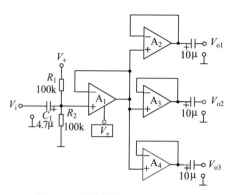

图 6-6　交流信号三分配放大器

(4) 单稳态触发器。

如图 6-7 所示,此 LM324 电路可用在一些自动控制系统中。电阻 R_1、R_2 组成分压电路,为运放 A_1 负输入端提供偏置电压 U_1,作为比较电压基准。静态时,电容 C_1 充电完毕,运放 A_1 正输入端电压 U_2 等于电源电压 V_+,故 A_1 输出高电平。当输入电压 V_i 变为低电平时,二极管 D_1 导通,电容 C_1 通过 D_1 迅速放电,使 U_2 突然降至低电平,此时因为 $U_1>U_2$,故运放 A_1 输出低电平。当输入电压变高时,二极管 D_1 截止,电源电压给电容 C_1 充电,当 C_1 上充电电压大于 U_1 时,即 $U_2>U_1$,A_1 输出又变为高电平,从而结束了一次单稳触发。显然,提高 U_1 或增大 R_2、C_1 的数值,都会使单稳延时时间增长,反之则缩短。

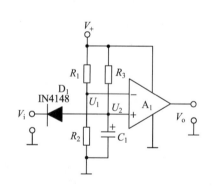

图 6-7　单稳态触发器

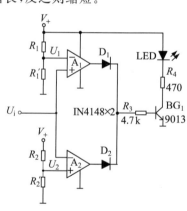

图 6-8　比较器电路

(5) 比较器。

当去掉运放的反馈电阻时,或者说反馈电阻趋于无穷大时(即开环状态),理论上认为运放的开环放大倍数也为无穷大(实际上是很大,如 LM324 运放开环放大倍数为 100dB,即 10 万倍)。此时运放便形成一个电压比较器,其输出如不是高电平(V_+),就是低电平(V_- 或接地)。当正输入端电压高于负输入端电压时,运放输出低电平。

图 6-8 中使用两个 LM324 运放组成一个电压上下限比较器,电阻 R_1、R_1' 组成分压电路,为运放 A_1 设定比较电平 U_1;电阻 R_2、R_2' 组成分压电路,为运放 A_2 设定比较电平 U_2。输入电压 U_i 同时加到 A_1 的正输入端和 A_2 的负输入端之间,当 $U_i>U_1$ 时,运放 A_1 输出高电平;当 $U_i<U_2$ 时,运放 A_2 输出高电平。运放 A_1、A_2 只要有一个输出高电平,晶体管 BG_1

就会导通,发光二极管 LED 就会点亮。

若选择 $U_1>U_2$,则当输入电压 U_i 越出 $[U_2,U_1]$ 区间范围时,LED 点亮,这便是一个电压双限指示器。

若选择 $U_2>U_1$,则当输入电压在 $[U_2,U_1]$ 区间范围时,LED 点亮,这便是一个"窗口"电压指示器。

此电路与各类传感器配合使用,稍加变通,便可用于各种物理量的双限检测,短路、断路报警等。

三、电路组成、调试

1. 供电电源电路(如图 6-9 所示)

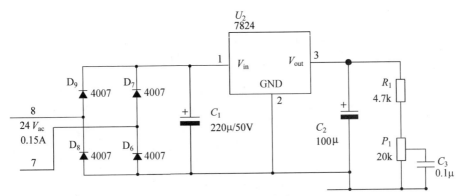

图 6-9 供电电源电路

图 6-10 所示电路中直流输出为 24V。

2. 取样电路

(1) 电源取样输出(如图 6-10 所示)。

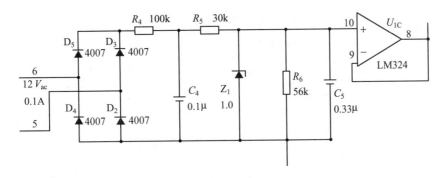

图 6-10 电源取样输出

图 6-11 中的 Z_1 起电压上限抑制作用,防止电压过高损坏电路,由运放 U_{1C} 进行阻抗变换后,将信号作为取样信号。

(2) 设定电压电路(如图 6-11 所示)。

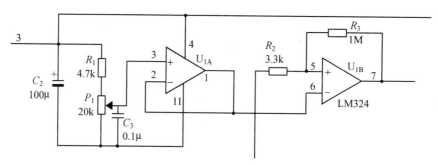

图 6-11 设定电压电路

图 6-12 中的 R_1、P_1、C_3 部分为上限电压设定电路,由 U_{1A} 进行阻抗变换,将信号送到 U_{1B} 的 6 号端,通过 U_{1B} 将取样电压与设定电压比较。

3. 过电压保护电路(如图 6-12 所示)

如图 6-12 中,若超上限电压则 U_{1B} 的输出通过 R_7、T_1 驱动继电器 J_1,起到过电压保护作用。电路中 R_8 为 LED 指示灯限流电阻,D_1 为续流二极管,C_6 为电源滤波电容。

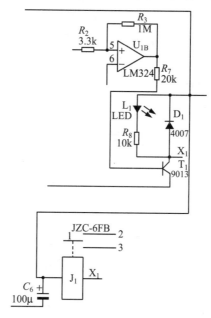

图 6-12 过电压保护电路

4. 电路接入

CH_1 端子接入方法如图 6-13 所示。

课题六 过电压保护电路的制作

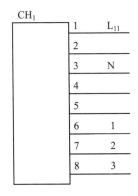

1号端子:相电压
2、4、5号端子:空脚
3号端子:中线
6、7、8号端子:继电器J_1触点输出

图 6-13　CH_1 端子接入

四、技能训练

1. 技能训练要求

(1) 根据课题的要求,按照电子原理图完成印板的焊接和线路连接。

(2) 按照步骤要求进行电子印板的调试与测量。

(3) 时间:360 分钟。

2. 技能训练内容

(1) 按照过电压保护电路原理图在实训套件(过电压保护电路)上进行焊接和线路连接。

(2) 检查接线正确无误后进行通电调试与测量。

(3) 按照指导教师的要求叙述工作原理。

3. 技能训练使用的设备、工具、材料

万用表	1 台
双踪示波器	1 台
信号发生器	1 台
过电压保护电路套件	1 套
30W 电烙铁	1 台
焊丝	若干
松香	若干
连接导线	若干

4. 技能训练步骤

(1) 按电路原理图即图 6-1 在实训套件(过电压保护电路)上进行焊接,在焊接过程中应按要求进行焊接,做到无虚焊、无脱焊、无桥接等,并应检查焊点是否光滑、无毛刺。

过电压保护电路印刷电路板如图 6-14 所示。

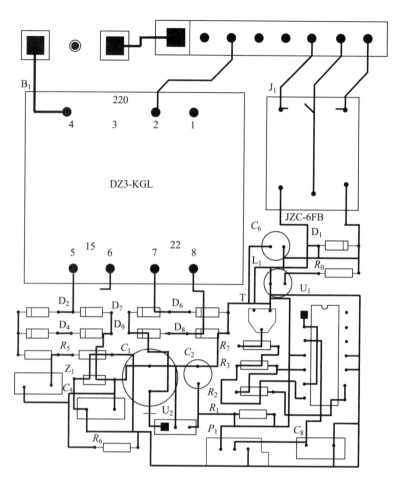

图 6-14 过电压保护电路印刷电路板

材料清单如下：

1N4007	D_1、D_2、D_3、D_4、D_5、D_6、D_7、D_8、D_9
1.0V	Z_1
220μF/50V	C_1
100μF/50V	C_2、C_6
0.1μF/50V	C_4
0.33μF	C_5
0.1μF	C_3
4.7kΩ	R_1
3.3kΩ	R_2
1MΩ	R_3
100kΩ	R_4
30kΩ	R_5
56kΩ	R_6

20kΩ	R_7
10kΩ	R_8
20kΩ	P_1
9013	T_1
0.5A/250V(5×20)	F_4
LED♯5mm	L_1
JZC-6FB	J_1
220V/24V 0.15A,12V 0.1A	B_1

(2) 调试电路,并向指导教师演示。

5. 技能评分标准(如表6-1所示)

表6-1 技能评分标准

课题名称	过电压保护电路的制作		额定时间	360分钟
课题要求	配分	评 分 细 则		得分
焊接接线	20	每有虚焊、脱焊、桥接,扣5分		
		每有1处错接,扣5分		
调试	30	每通电1次不成功,每处扣5分		
		通电调试不成功或不能调试,扣30分		
仪器使用及测试	10	使用万用表、示波器错误,每处扣3分		
		不能正确使用万用表、示波器,扣10分		
原理叙述	30	整体电路概述不全面,扣5~15分		
		整体电路不会概述,扣20分		
		运放电路工作原理叙述不全面,扣3~7分		
		运放电路工作原理不会叙述,扣10分		
安全生产,无事故发生	10	安全文明生产,符合操作规程,不扣分		
		经提示后能规范操作,扣5分		
		不能文明生产,不符合操作规程,扣10分		

评分教师:　　　　　　　　　日期:

课题七 光耦 f/V 转换器的制作

【教学目的】

（1）在理解和掌握光耦 f/V 转换器电路工作原理的基础上，独立完成电路的安装与调试。

（2）掌握电子电路的分析能力、读图能力和动手能力。

【任务分析】

光耦 f/V 转换器电路是一种实现频率转换电压的典型电路，通过实验，完成电路安装、调试。

一、电路介绍

光耦 f/V 转换器可接受各种周期波形并产生与输入频率成正比例的模拟量输出，它为电压/频率转换提供了一种经济的解决方法。在电机转速控制、电源频率监测和电压控制放大器均衡电路中应用较多。

光耦 f/V 转换器电路(如图 7-1 所示)由 4093(4 与非门施密特触发器)、LM358(内部包括有两个独立的、高增益、内部频率补偿的双运算放大器)、4N25(光电耦合器)、555 集成电路及外围分立元件组成，它将一频率信号输入 4N25 光电耦合器，再到由 4093 组成的与非门施密特触发器电路，进行波形和脉冲整形，将电压信号送至 555 集成电路触发，再由 358 运放放大电压信号，送至输出电路。

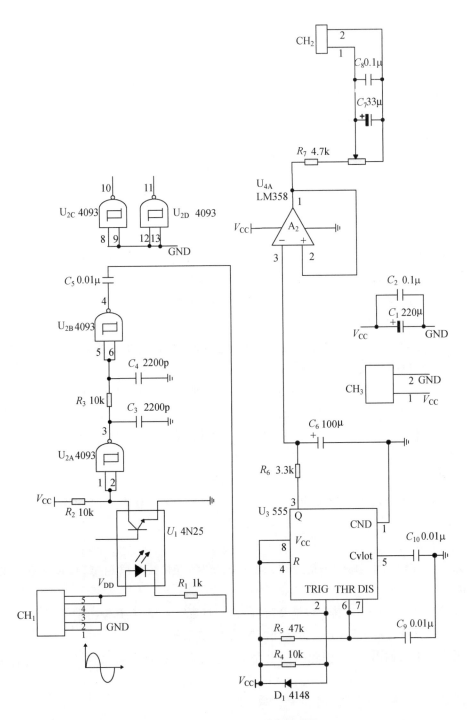

图 7-1 光耦 f/V 转换器电路

二、元器件介绍及应用

1. 光电耦合器

光电耦合器以光为媒介传输电信号。它对输入、输出电信号有良好的隔离作用，所以，它在各种电路中得到广泛的应用。目前它已成为种类最多、用途最广的光电器件之一。光电耦合器一般由三部分组成：光的发射、光的接收及信号放大。输入的电信号驱动发光二极管(LED)，使之发出一定波长的光，被光探测器接收而产生光电流，再经过进一步放大后输出。这就完成了电—光—电的转换，从而起到输入、输出、隔离的作用。由于光电耦合器具备输入输出间互相隔离、电信号传输有单向性等特点，因而具有良好的电绝缘能力和抗干扰能力。

光电耦合器具有体积小、使用寿命长、工作温度范围宽、抗干扰性能强、无触点且输入与输出在电气上完全隔离等特点，因而在各种电子设备上得到广泛的应用。光电耦合器可用于隔离电路、负载接口（主要作用）及各种家用电器等电路中。

在光电耦合器输入端加电信号使发光源发光，光的强度取决于激励电流的大小，此光照射到封装在一起的受光器上后，因光电效应而产生了光电流，由受光器输出端引出，这样就实现了电—光—电的转换。

比如说 PLC（工业控制器）所采集的外部信号要进入 PLC 内部就是通过光电耦合器进入的，PLC 采集的信号通常是在机械处或其他强电气信号干扰严重的地方，如果不采用光电耦合器，干扰电信号进入 PLC，就会影响它的正常工作，采用光电耦合器则避免了外界电气信号的干扰。

（1）分类。

① 按光路径可分为外光路光电耦合器（又称光电断续检测器）和内光路光电耦合器。外光路光电耦合器又分为透过型和反射型两种。

② 按输出形式分。

a. 光敏器件输出型，其中包括光敏二极管输出型、光敏三极管输出型、光电池输出型、光可控硅输出型等。

b. NPN 三极管输出型，其中包括交流输入型、直流输入型、互补输出型等。

c. 达林顿三极管输出型，其中包括交流输入型、直流输入型。

d. 逻辑门电路输出型，其中包括门电路输出型、施密特触发输出型、三态门电路输出型等。

e. 低导通输出型（输出低电平为毫伏数量级）。

f. 光开关输出型（导通电阻小于 10Ω）。

g. 功率输出型（IGBT/MOSFET 等输出）。

③ 按封装形式分可分为同轴型、双列直插型、TO 封装型、扁平封装型、贴片封装型以及光纤传输型等。

④ 按传输信号分可分为数字型光电耦合器（OC 门输出型、图腾柱输出型及三态门电路

输出型等)和线性光电耦合器(低漂移型、高线性型、宽带型、单电源型、双电源型等)。

⑤ 按速度分可分为低速光电耦合器(光敏三极管、光电池等输出型)和高速光电耦合器(光敏二极管带信号处理电路或者光敏集成电路输出型)。

⑥ 按通道分可分为单通道、双通道和多通道光电耦合器。

⑦ 按隔离特性分可分为普通隔离光电耦合器(一般光学胶灌封低于5000V,空封低于2000V)和高压隔离光电耦合器(可分为10kV、20kV、30kV等)。

⑧ 按工作电压分可分为低电源电压型光电耦合器(一般为5~15V)和高电源电压型光电耦合器(一般大于30V)。

(2) 光电耦合器的测试。

判断光耦的好坏,可通过测量其内部二极管和三极管的正反向电阻来确定。更可靠的检测方法是以下三种。

① 比较法。

拆下怀疑有问题的光耦,用万用表测量其内部二极管、三极管的正反向电阻值,用其与好的光耦对应脚的测量值进行比较,若阻值相差较大,则说明光耦已损坏。

② 万用表检测法。

检测时将光耦内接二极管的+端(1脚)和-端(2脚)分别插入万用表的h_{fe}的C、E插孔内,此时数字万用表应置于NPN挡;然后将光耦内接光电三极管C极(5脚)接指针式万用表的黑表笔,E极(4脚)接红表笔,并将指针式万用表拨在$R\times 1k$挡。这样就能通过指针式万用表指针的偏转角度——实际上是光电流的变化,来判断光耦的情况。指针向右偏转角度越大,说明光耦的光电转换效率越高,即传输比越高,反之越低;若表针不动,则说明光耦已损坏。

③ 光电效应判断法。

将万用表置于$R\times 1k$电阻挡,两表笔分别接在光耦的输出端(4、5脚);然后用一节1.5V的电池与一只50~100Ω的电阻串接后,电池的正极端接1脚,负极端碰接2脚。或者正极端碰接1脚,负极端接2脚,这时观察接在输出端万用表的指针偏转情况,如果指针摆动,说明光耦是好的,如果不摆动,则说明光耦已损坏。万用表指针摆动偏转角度越大,表明光电转换灵敏度越高。

(3)光电耦合器4N25。

4N25器件由砷化镓红外发光二极管和硅光电晶体管检测器通过光耦合构成,是一种发光二极管与光电晶体管面对面封装的单回路,内光路光电耦合器也是一种晶体管输出6引脚的DIP封装光电耦合器(如图7-2所示)。

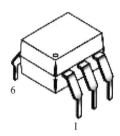
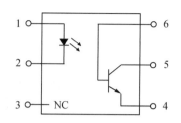

1脚和2脚是输入端（1脚接正，2脚接地）
4脚和5脚是输出端（4脚接地，2脚接高电位）

图 7-2 4N25 光电耦合器

① 组成开关电路（如图 7-3 所示）。

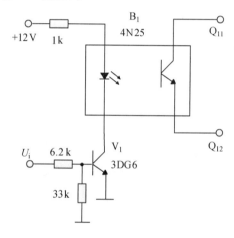

图 7-3 光电耦合器 4N25 组成开关电路

图 7-3 电路中，当输入信号 U_i 为低电平时，晶体管 V_1 处于截止状态，光电耦合器 B_1 中发光二极管的电流近似为零，输出端 Q_{11}、Q_{12} 间的电阻很大，相当于开关断开；当 U_i 为高电平时，V_1 导通，光电耦合器 4N25 中发光二极管发光，Q_{11}、Q_{12} 间的电阻变小，相当于开关接通。该电路因 U_i 为低电平时，开关不通，故为高电平导通状态。同理，图 7-4 电路中，因无信号（U_i 为低电平）时，开关导通，故为低电平导通状态。

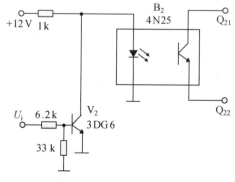

图 7-4 光电耦合器 4N25 组成开关电路低电平导通状态

② 组成逻辑电路(如图 7-5 所示)。

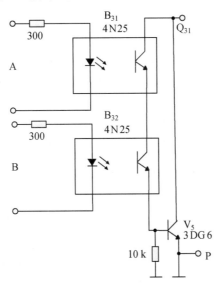

图 7-5 光电耦合器 4N25 组成与门逻辑电路

图 7-5 所示电路的逻辑表达式为 P=AB,图中两只光敏管串联,当输入逻辑电平 A=1、B=1 时,输出 P=1。同理,还可以组成或门、与非门、或非门等逻辑电路。

③ 组成隔离耦合电路(如图 7-6 所示)。

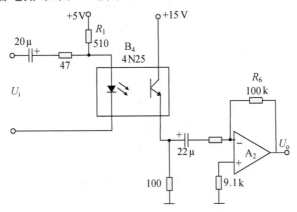

图 7-6 光电耦合器 4N25 组成隔离耦合电路

图 7-6 所示为一个典型的交流耦合放大电路。适当选取发光回路限流电阻 R_1,使 B_4 的电流传输比为一常数,即可保证该电路的线性放大作用。

2. 四与非门施密特触发器 CD4093

施密特触发电路(简称)是一种波形整形电路,当任何波形的信号进入电路时,输出在正负饱和之间跳动,产生方波或脉波输出。不同于比较器,施密特触发电路有两个临界电压且形成一个滞后区,可以防止在滞后范围内的噪声干扰电路的正常工作。施密特触发电路应用范围为波形和脉冲整形、单稳态多频振荡器、高环境噪声系统、非稳态多谐振荡器等。其逻辑符号(如图 7-7 所示)。

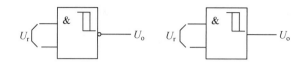

图 7-7 输入与输出为反相关系（施密特触发器与非门）

施密特触发器与门的波形与施密特触发器与非门的波形如图 7-8 所示。

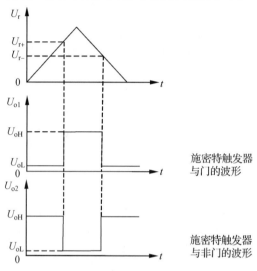

图 7-8 施密特触发器与门的波形与施密特触发器与非门的波形

当传输的信号受到干扰而发生畸变时，可利用施密特触发器的回差特性，将受到干扰的信号整形成较好的矩形脉冲，如图 7-9 所示。

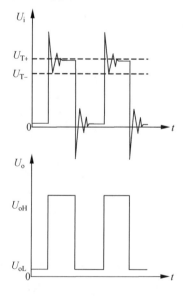

图 7-9 用施密特触发器整形

CD4093 是 CD 系列数字集成电路中的一个型号，采用 CMOS 工艺制造。四与非门施密特触发器由 4 个施密特触发器构成，每个触发器有一个 2 输入与非门。当正极性或负极性信号输入时,触发器在不同的点翻转。正极性(V_P)和负极性(V_N)电压的不同之处由迟滞电压(V_H)确定。对应的 TTL 系列型号是 74LS132。

CD4093 芯片管脚功能如图 7-10 所示,它具有 4 个双输入的施密特触发器电路,每个输入端都具有施密特触发器电路特性。当 $V_{DD}=5V$ 时,$V_{T+}=3.3V$,$V_{T-}=1.8V$。不同的电源电压 V_{DD},它的 V_{T+} 和 V_{T-} 的值是不一样的。

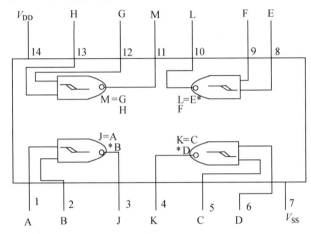

图 7-10　CD4093 芯片管脚

CD4093 引脚功能如表 7-1 所示。

表 7-1　CD4093 引脚功能

A	数据输入端	E	数据输入端	J	数据输出端
B	数据输入端	F	数据输入端	K	数据输出端
C	数据输入端	G	数据输入端	L	数据输出端
D	数据输入端	H	数据输入端	M	数据输出端
V_{DD}	正电源	V_{SS}	地	—	—

CD4093 典型应用电路有如下几种。

(1) 负边缘触发,如图 7-11 所示。

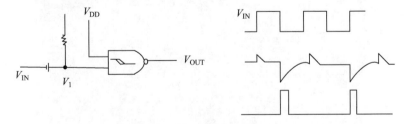

图 7-11　负边缘触发

(2) 正边缘触发,如图 7-12 所示。

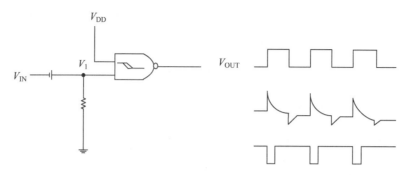

图 7-12 正边缘触发

(3) 控振荡器,如图 7-13 所示。

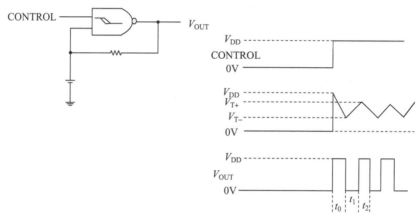

图 7-13 控振荡器

三、电路组成、调试

如图 7-14 所示为电路板。

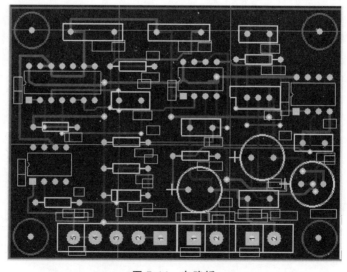

图 7-14 电路板

(1) 在 CH_3 端子处接入 DC 9V 电源,如图 7-15 所示。

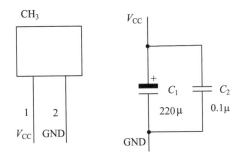

图 7-15 电源接入

(2) 在 CH_1 端子处接入正弦波信号,如图 7-16 所示,用示波器观察输出频率。改变输入频率,观察输出波形。

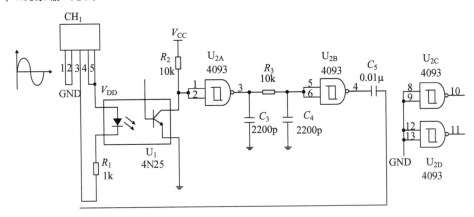

图 7-16 正弦波信号接入

(3) 观察 555 电路 3 号管脚输出波形(电路如图 7-17 所示)。

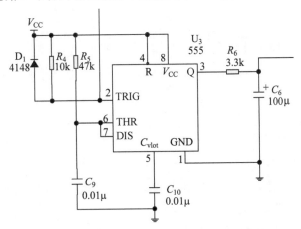

图 7-17 观察 555 电路 3 号管脚输出波形电路

(4) 观测 CH_2 输出波形(电路如图 7-18 所示)。

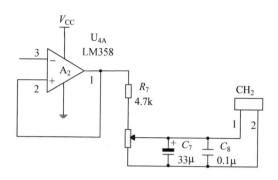

图 7-18　观察 CH_2 输出波形电路

四、技能训练

1．技能训练要求

（1）根据课题的要求，按照电子原理图完成印板的焊接和线路连接。

（2）按照步骤要求进行电子印板的调试与测量。

（3）时间：360 分钟。

2．技能训练内容

（1）按照光耦 f/V 转换器原理图在实训套件（光耦 f/V 转换器电路）上进行焊接和线路连接。

（2）检查接线正确无误后通电调试与测量。

（3）按照指导教师的要求叙述工作原理。

3．技能训练使用的设备、工具、材料

万用表	1 台
双踪示波器	1 台
信号发生器	1 台
光耦 f/V 转换器电路套件	1 套
30W 电烙铁	1 台
焊丝	若干
松香	若干
连接导线	若干

4．技能训练步骤

（1）按电路原理图（图 7-1）在实训套件（光耦 f/V 转换器电路）上进行焊接，应按要求进行焊接，做到无虚焊、无脱焊、无桥接等，检查焊点是否光滑、无毛刺。

（2）调试电路，并向指导教师演示。

5. 技能评分标准(如表 7-2 所示)

表 7-2　技能评分标准

课题名称		光耦 f/V 转换器的制作	额定时间	360 分钟
课题要求	配分	评 分 细 则		得分
焊接接线	20	每有虚焊、脱焊、桥接,扣 5 分		
		每有 1 处错接,扣 5 分		
调试	30	每通电 1 次,不成功每处扣 5 分		
		通电调试不成功或不能调试,扣 30 分		
仪器使用及测试	10	使用万用表、示波器错误,每处扣 3 分		
		不能正确使用万用表、示波器,扣 10 分		
原理叙述	30	整体电路概述不全面,扣 3~7 分		
		整体电路不会概述,扣 10 分		
		波形和脉冲整形电路工作原理叙述不全面,扣 3~7 分		
		波形和脉冲整形电路工作原理不会叙述,扣 10 分		
		运放电路工作原理叙述不全面,扣 3~7 分		
		运放电路工作原理不会叙述,扣 10 分		
安全生产,无事故发生	10	安全文明生产,符合操作规程,不扣分		
		经提示后能规范操作,扣 5 分		
		不能文明生产,不符合操作规程,扣 10 分		

评分教师:　　　　　　　　　　　　　　　　日期:

课题八　计数器电路的制作

【教学目的】

(1) 在理解和掌握计数器电路工作原理的基础上,独立完成电路的安装与调试。
(2) 掌握电子电路的分析能力、读图能力和动手能力。

【任务分析】

计数器电路由 4013(双 D 触发器电路)、74LS14(内部包括有六倒相器)、二/十进制同步加计数器芯片 CD4518、七段码译码器 CD4511、七段数码管、三端稳压 7805 电路及外围分立元件组成。通过实验,完成电路安装、调试。

一、原理介绍

在数字电路中,计数器属于时序电路,它主要由具有记忆功能的触发器构成。计数器不仅仅用来记录脉冲的个数,还大量用于分频、程序控制及逻辑控制等,在计算机及各种数字仪表中,都得到了广泛的应用。在 CMOS 电路系列产品中,计数器是用量最大、品种很多的产品。

1. 计数器 IC 的输出方式

计数器 IC 是一种单端输入、多端输出的记忆器件,它能记住有多少个时钟脉冲送到输入端,而在输出端又以不同的状态来表示,这就构成了不同的输出方式。这种不同的输出方式为用户提供了多种用途,给使用带来了极大的方便。以下介绍计数器 IC 输出的几种常用方式。

(1) 单端输入十进制计数/七段译码输出。

这种输出方式通常用于计数显示,它把输入脉冲数直接译成七段码供数码管显示 0~9,如 IC 是 CD4033,从 IC 的时钟端 CP_1 脚输入脉冲数,其输出端可直接带动 LED 数码管显示输入脉冲个数。该电路的显示也可用于荧光数码管,但应按荧光数码管的使用加接电源。

(2) 单端输入 BCD 码输出。

即一种单端输入、BCD 码输出的计数器电路,该电路对外可控制 10 路信号。CD4518 和 CD4520 是一对姊妹产品,CD4518 采用二/十进制的 BCD 码,而 CD4520 则采用二进制码,它们除了这点不同外,其余都完全相同。若把 CD4518 换成 CD4520(管脚接法不变),则其输出为二进制码,共有 16 种状态,对外可控制 16 路信号。

(3) 单端输入/分配器输出。

常用的为 CD4017 单端输入十进制计数、分配输出电路。其计数状态由 CD4017 的十个译码输出端 $Y_0 \sim Y_9$ 显示。每个输出状态都与输入计数器的时钟脉冲的个数相对应,例如,若输入了 6 个脉冲,则输出端 Y_5 应为高电平,其余输出端为低电平(条件为从零开始计数)。CD4017 仍有两个时钟端 CP 和 EN,若用时钟脉冲的上升沿计数,则信号从 CP 端输入;若用下降沿计数,则信号从 EN 端输入。设置两个时钟端是为了级联方便。CD4017 与 CD4022 是一对姊妹产品,主要区别是 CD4022 是八进制的,所以译码输出仅有 $Y_0 \sim Y_7$,每输入 8 个脉冲周期,就得到一个进位输出。CD4017 与 CD4022 的管脚相同,不过 CD4022 的 6、9 脚是空脚。

(4) 多位二进制输出串行计数器。

常用的 IC 有 CD4024、CD4040 和 CD4060,分别是 7 位、12 位和 14 位的串行计数/分配器,它们具有相同的电路结构和功能,都是由 T 型触发器组成的二进制计数器,不同的是它们的位数不同。多位二进制计数器主要用于分频和定时,使用极其简单和方便。以 CD4024 为代表的 7 位二进制串行计数器/分配器的特点是 IC 内部有 7 个计数级,每个计数级均有输出端子,即 $Q_1 \sim Q_7$。CD4024 计数工作时,Q_1 是 CP 脉冲的二分频,Q_2 是 Q_1 输出的二分频,所以有频率 $f_{Q_7} = f_{CP}$。CD4024 也可扩展更多的分频。CD4024 的清零端 Cr 加"1"电平时,各输出端都清零;电路正常工作条件时 Cr 加零电平,当在 CP 脉冲下降沿时,CD4024 做增量计数。

二、元器件介绍及应用

1. 双 D 触发器 CD4013

触发器可用来储存一位的数据,通过将若干个触发器连接在一起可储存多位元的数据,它们可用来表示时序器的状态、计数器的值、计算机中的 ASCII 码或其他资料。

最早的电子触发器于 1919 年发明。现今在时序控制系统中,最常用的四种触发器分别为 T 型触发器、S-R 触发器、J-K 触发器及 D 触发器。

D 触发器是最常用的触发器之一。对于上升沿触发 D 触发器来说,其输出 Q 只在 CLOCK 由 L 到 H 的转换时刻才会跟随输入 D 的状态变化,其他时候 Q 维持不变。图 8-1 显示了上升沿触发 D 触发器的时序图,表 8-1 则是其真值表。

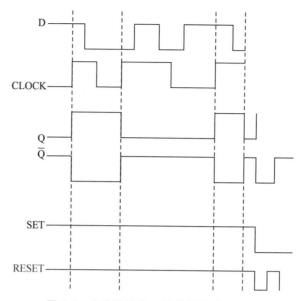

图 8-1　上升沿触发 D 触发器的时序图

表 8-1　D 触发器的真值表

SET	RESET	D	CLOCK	Q	$\overline{Q}$
0	1	—	—	1	0
1	0	—	—	0	1
0	0	—	—	1	1
1	1	1	↑	1	0
1	1	0	↑	0	1

　　SET 和 RESET 是 D 触发器中两个额外可以屏蔽时钟操作的输入。D 触发器正常工作情况下，SET 和 RESET 均必须设为 1。

　　N/2(N 为奇数)分频电路有着重要的应用，对一个特定的输入频率，要经 N/2 分频后才能得到所需要的输出，这就要求电路具有 N/2 的非整数倍的分频功能。CD4013 是双 D 触发器，在以 CD4013 为主组成的若干个二分频电路的基础上，加上异或门等反馈控制，即可很方便地组成 N/2 分频电路。

　　CD4013 是双 D 触发器芯片，在数字电路中常用来进行数据锁存、组成分频电路等，这里介绍一下 CD4013 管脚功能和电路(如图 8-2 所示)。

　　锁存器是一种基本的记忆器件，它能够储存一位元的数据。由于它是一种时序性的电路，所以并不需要时钟输入，它会根据输入来改变输出。

　　触发器不同于锁存器，它是一种时钟控制的记忆器件，有一个控制输入信号(CLOCK)。CLOCK 信号使触发器只在特定时刻才按输入信号改变输出状态。若触发器只在时钟 CLOCK 由 L 到 H（H 到 L）的转换时刻才接收输入，则称这种触发器是上升沿（下降沿）触发的。

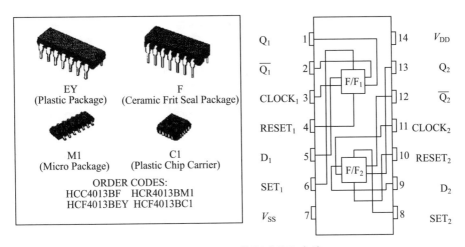

图 8-2　CD4013 管脚功能和电路

2. 六路施密特触发反向器 74LS14

施密特触发器最重要的特点是能够把变化缓慢的输入信号整形成边沿陡峭的矩形脉冲。同时，施密特触发器还可利用其回差电压来提高电路的抗干扰能力，它由两级直流放大器组成。

74LS14 六倒相器[在数字电路中，倒相器也叫反相器、非门，是一种输入 1 时输出变成 0、输入 0 时输出变成 1 的逻辑单元（逻辑器），严格上讲，倒相器执行的是"非逻辑"]的输入是施密特输入。74LS14 一般用于某些信号的整形及易受干扰或关键信号的信号缓冲等，74LS14 引脚如图 8-3 所示，真值表如表 8-2 所示。

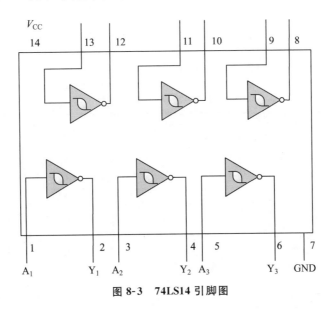

图 8-3　74LS14 引脚图

表 8-2 74LS14 真值表

$Y=\overline{A}$

Input	Output
A	Y
L	H
H	L

注:H=高电平,L=低电平。

3. 双 BCD 同步加计数器 CD4518

CD4518 是一个双 BCD 同步加计数器,由两个相同的同步 4 级计数器组成。在一个封装中含有两个可互换二/十进制计数器。CD4518 引脚图如图 8-4 所示,功能如表 8-3 所示。

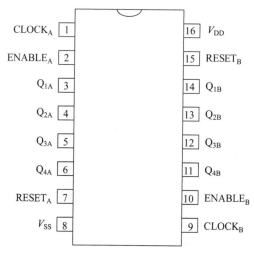

图 8-4 CD4518 引脚图

表 8-3 CD4518 管脚功能表

引脚	符号	功能
1、9	$CLOCK_A$、$CLOCK_B$	时钟输入端
7、15	$RESET_A$、$RESET_B$	消除端
2、10	$ENABLE_A$、$ENABLE_B$	计数允许控制端
3、4、5、6	$Q_{1A} \sim Q_{4A}$	计数输出端
11、12、13、14	$Q_{1B} \sim Q_{4B}$	计数输出端
8	V_{SS}	地
16	V_{DD}	电源,正

CD4518 有两个时钟输入端 $CLOCK_A$ 和 EN,若用时钟上升沿触发,信号由 $CLOCK_A$ 输入,此时 $CLOCK_B$ 端为高电平(1);若用时钟下降沿触发,信号由 $CLOCK_B$ 输入,此时 $CLOCK_A$ 端为低电平(0),同时复位端 $REST_A$ 也保持低电平(0)。只有满足了这些条件时,

电路才会处于计数状态，否则无法工作。

将数片 CD4518 串行级联时，尽管每片 CD4518 属并行计数，但就整体而言已变成串行计数了。需要指出，CD4518 未设置进位端，但可利用 Q_{4A} 作输出端。若误将第一级的 Q_{4A} 端接到第二级的 $CLOCK_A$ 端，计数会变成"逢八进一"。原因在于 Q_{4A} 是在第 8 个 $CLOCK_A$ 作用下产生正跳变的，其上升沿不能作进位脉冲，只有其下降沿才是"逢十进一"的进位信号。正确接法应是将低位的 Q_{4A} 端接高位的 $CLOCK_B$ 端，高位计数器的 $CLOCK_A$ 端接 V_{SS}。

4. BCD 码-七段码译码器 CD4511

CD4511 是一个用于驱动共阴极 LED（数码管）显示器的 BCD 码-七段码译码器，它是具有 BCD 转换、消隐和锁存控制、七段译码及驱动功能的 CMOS 电路，能提供较大的拉电流，可直接驱动 LED 显示器。CD4511 是一片 CMOS BCD-锁存/七段译码/驱动器电路板，引脚排列如图 8-5 所示。CD4511 有拒绝伪码的特点，当输入数据超过十进制数 9（1001）时，显示字形自行消隐。

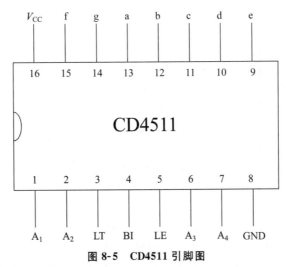

图 8-5　CD4511 引脚图

CD4511 引脚功能介绍如下：

BI：(4 脚)消隐输入控制端，当 BI＝0 时，不管其他输入端状态如何，七段数码管均处于熄灭(消隐)状态，不显示数字。

LT：(3 脚)测试输入端，当 BI＝1，LT＝0 时，译码输出全为 1，不管输入状态如何，七段均发亮，显示"8"。它主要用来检测数码管是否损坏。

LE：锁定控制端，当 LE＝0 时，允许译码输出；LE＝1 时译码器处于锁定保持状态，译码器输出被保持在 LE＝0 时的数值。

A_1、A_2、A_3、A_4：8421BCD 码输入端。

a、b、c、d、e、f、g：译码输出端，输出为高电平 1 有效。

a～g 是七段输出，可驱动共阴 LED 数码管。另外，CD4511 显示数"6"时，a 段消隐；显示数"9"时，d 段消隐，所以显示 6、9 这两个数时，字形不太美观。CD4511 和 CD4518 配合可做成一位计数显示电路，若要多位计数，只需将计数器级联，每级输出接一只 CD4511 和

LED 数码管即可。所谓共阴 LED 数码管是指七段 LED 的阴极是连在一起的,在应用中应接地。限流电阻要根据电源电压来选取,电源电压 5V 时可使用 300Ω 的限流电阻。

5. 数码管

数码管是一种半导体发光器件,其基本单元是发光二极管,颜色有红、黄、蓝、绿、白等,有数字"8"型的、汉字"米"型的等。

(1) 数字型数码管的分类。

数码管按段数分为七段数码管和八段数码管,八段数码管比七段数码管多一个发光二极管单元(多一个小数点显示)。按能显示多少个"8"可分为 1 位、2 位、4 位等数码管;按发光二极管单元连接方式分为共阳极数码管和共阴极数码管(如图 8-6 所示)。

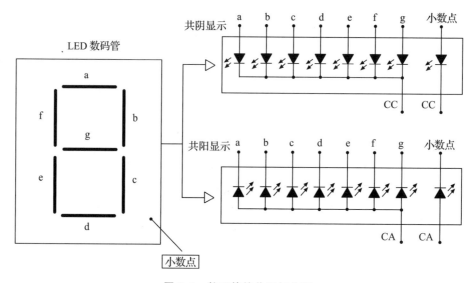

图 8-6 数码管的共阴与共阳

共阳数码管是指将所有发光二极管的阳极接到一起形成公共阳极(COM)的数码管。共阳数码管在应用时应将公共极 COM 接到+5V,当某一字段发光二极管的阴极为低电平时,相应字段就点亮;当某一字段的阴极为高电平时,相应字段就不亮。共阴数码管是指将所有发光二极管的阴极接到一起形成公共阴极(COM)的数码管。共阴数码管在应用时应将公共极 COM 接到地线 GND 上。当某一字段发光二极管的阳极为高电平时,相应字段就点亮;当某一字段的阳极为低电平时,相应字段就不亮。

(2) 数码管的使用。

使用数码管时,首先要识别是共阴型的还是共阳型的,这可以通过测量它的管脚,找公共共阴和公共共阳。首先,找一个电源(3~5V)和 1 个 1kΩ(几百欧的也行)的电阻,将 V_{CC} 串接个电阻后和 GND 接在任意 2 个脚上,组合有很多,但总有一个 LED 会发光,找到一个就够了,然后 GND 不动,用 V_{CC}(串电阻)逐个碰剩下的脚,如果有多个 LED(一般是 8 个)亮,那它就是共阴的。相反,V_{CC}不动,用 GND 逐个碰剩下的脚,如果有多个 LED(一般是 8 个)亮,那它就是共阳的。还可以直接用数字万用表,同测试普通半导体二极管一样,测出数码管的正反向电阻值。对于共阴极的数码管,红表笔接数码管的"－"端,黑表笔分别接其他各脚。测共阳极的数码管时,黑表笔接数码管的 V_{DD},红表笔接其他各脚。红表笔是电源的正极,黑表笔是电源的负极。

（3）数码管的使用条件。

① 段及小数点上加限流电阻。

② 使用电压:段和小数点均根据发光颜色决定。

③ 使用电流:静态时总电流为 80mA(每段 10mA);动态时平均电流为 4～5mA,峰值电流为 100mA。

（4）数码管使用注意事项。

① 不要用手触摸数码管表面和引角。

② 焊接温度:260℃。

③ 焊接时间:5s。

④ 表面有保护膜的产品,可以在使用前将保护膜撕下来。

三、电路组成

计数器电路原理图如图 8-7 所示,印刷电路板图如图 8-8 所示。

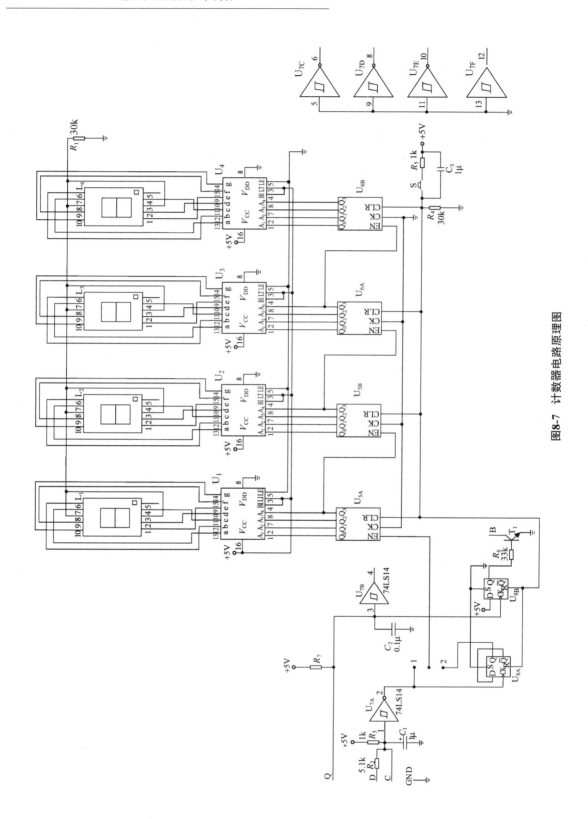

图8-7 计数器电路原理图

课题八 计数器电路的制作

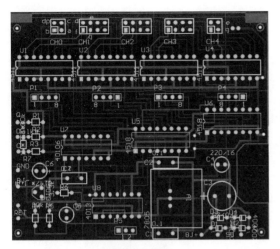

计数器主电路板

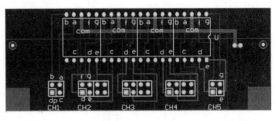

计数器显示电路板

图 8-8　印刷电路板图

1. 倒相器电路

倒相器电路一般用于信号的整形或者易受干扰/关键信号的信号缓冲,如图 8-9 所示。

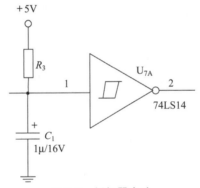

图 8-9　倒相器电路

2. 分频电路

以 CD4013 为主组成的二分频电路如图 8-10 所示,该电路为双脉冲输出计数。

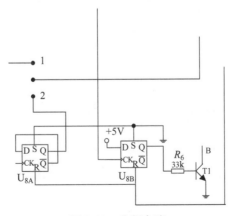

图 8-10　分频电路

3. 加法计数器电路

如图 8-11 所示，加法计数器电路时钟下降沿触发，信号由 EN 端输入，此时 CK 端应接低电平"0"，输出的是二/十进制的 BCD 码。第 6 脚输出下降沿脉冲，利用该脉冲和 EN 端功能，就可实现计数电路进位功能。

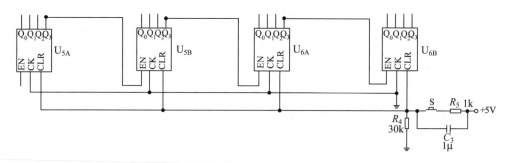

图 8-11 加法计数器电路

4. 译码电路

图 8-12 所示为驱动共阴极 LED（数码管）显示器的 BCD 码-七段码译码器电路。

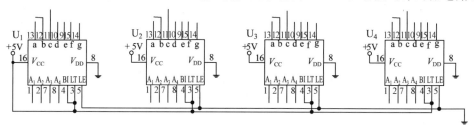

图 8-12 译码电路

5. 显示电路

图 8-13 为显示电路。共阴数码管在应用时应将公共极 COM 接到地线 GND 上，当某一字段发光二极管的阳极为高电平时，相应字段就点亮；当某一字段的阳极为低电平时，相应字段就不亮。

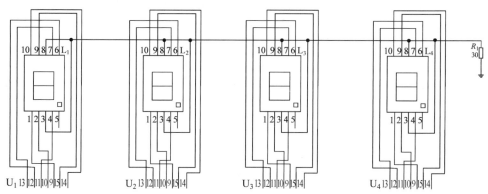

图 8-13 显示电路

6. 清零电路

清零电路如图 8-14 所示,置 4511 CLR 端高电平则清零。

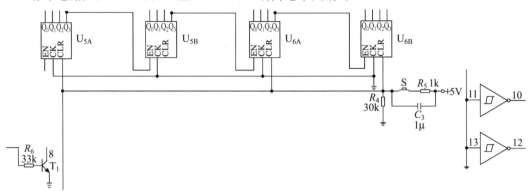

图 8-14 清零电路

四、计数器电路焊接与组装

(1) 对所装元器件预先进行检查,确保元器件处于良好状态,应把元器件金属脚上的氧化层刮除干净并上锡,以便于焊接。

(2) 确定印板上元器件图表、代号、插孔与原理图的一一对应关系,按图中编号找到相应的元器件,按先低后高的要求安装。以下为元件清单:

规格	数量	代号
0.1μF	1	C_2
1kΩ	3	R_3、R_5、R_7
1μF/50V	2	C_1、C_3
33kΩ	1	R_6
5.1kΩ	1	R_2
30kΩ	2	R_1、R_4
CD4013	1	U_8(U_{8A}、U_{8B})
CD4511	4	U_1、U_2、U_3、U_4
CD4518	2	U_5(U_{5A}、U_{5B})、U_6(U_{6A}、U_{6B})
9013	1	T_1
74LS14	1	U_7(U_{7A}、U_{7B}、U_{7C}、U_{7D}、U_{7E}、U_{7F})
LTS547RFH	4	L_1、L_2、L_3、L_4

(3) 将镀锡短接线、电阻、二极管等按图纸装焊好。

(4) 将集成块插好焊上。

(5) 将电阻、电容等其他元件按要求焊好。

(6) 将电解电容、印板外接线按图示位置焊在铜箔面上。

(7) 安装焊接二极管要注意极性。

(8) 安装焊接电容时要注意极性。

(9)焊点应光亮圆滑,严防虚、假、错焊及拖锡短路现象。

五、电路调试

(1)接入 AC 9V 电源。

(2)在 C 端子处接入 0~100Hz 正泫波(如图 8-15 所示),用示波器观察输出频率。改变输入频率,观察计数器数字变化。输入 V_{P-P} 不大于 5V 的方波信号,频率为 0~100Hz 可调。

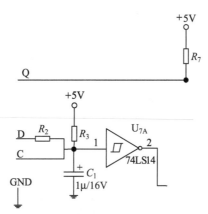

图 8-15 C 端子处接入 0~100Hz 正泫波

(3)脉冲置位,如图 8-16 所示。

① 置 1 时,单脉冲计数。

② 置 2 时,双脉冲计数。

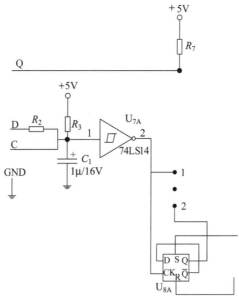

图 8-16 脉冲置位

六、技能训练

1. 技能训练要求

(1) 根据课题的要求,按照电子原理图完成印板的焊接和线路连接。

(2) 按照步骤要求进行电子印板的调试与测量。

(3) 时间:360分钟。

2. 技能训练内容

(1) 按照智能爬行器电子原理图在实训套件(计数器电路)上进行焊接和线路连接。

(2) 检查接线,正确无误后进行通电调试与测量。

(3) 按照指导教师的要求叙述工作原理。

3. 技能训练使用的设备、工具、材料

万用表	1台
双踪示波器	1台
信号发生器	1台
计数器电路套件	1套
30W 电烙铁	1台
焊丝	若干
松香	若干
连接导线	若干

4. 技能训练步骤

(1) 按电路原理图(图8-7)在实训套件(计数器电路)上进行焊接,应按要求进行焊接,做到无虚焊、无脱焊、无桥接等,检查焊点是否光滑、无毛刺。

(2) 单脉冲计数。

设置单脉冲计数,并向指导教师演示。

(3) 双脉冲计数。

设置双脉冲计数,并向指导教师演示。

5. 技能评分标准(如表8-4所示)

表8-4 技能评分标准

课题名称		计数器电路的制作	额定时间	360分钟
课题要求	配分	评 分 细 则		得分
焊接接线	20	每有虚焊、脱焊、桥接,扣5分		
		每有1处错接,扣5分		
调试	30	每通电1次,不成功每处扣5分		
		通电调试不成功或不能调试,扣30分		

续表

课题名称		计数器电路的制作	额定时间	360 分钟
课题要求	配分	评 分 细 则		得分
仪器使用及测试	10	使用万用表、示波器错误,每处扣 3 分		
		不能正确使用万用表、示波器,扣 10 分		
原理叙述	30	整体电路概述不全面,扣 3~7 分		
		整体电路不会概述,扣 10 分		
		单脉冲计数电路工作原理叙述不全面,扣 3~7 分		
		单脉冲计数电路工作原理不会叙述,扣 10 分		
		双脉冲计数电路工作原理叙述不全面,扣 3~7 分		
		双脉冲计数电路工作原理不会叙述,扣 10 分		
安全生产,无事故发生	10	安全文明生产,符合操作规程,不扣分		
		经提示后能规范操作,扣 5 分		
		不能文明生产,不符合操作规程,扣 10 分		

评分教师: 日期:

课题九 智能爬行器的制作

【教学目的】

(1) 在理解和掌握智能爬行器工作原理的基础上,独立完成电路的安装与调试。
(2) 掌握电子电路的分析能力、读图能力和动手能力。

【任务分析】

智能爬行器采用实验电子控制电路与机械部件组合而成,其模型可在声音、光线、磁性触发状态下爬行,并可自动停止,由 555 时基电路及外围电路组成。

一、原理介绍

1. 智能爬行器电气原理介绍

智能爬行器采用实验电子控制电路与机械部件组合而成,其模型可在声音、光线、磁性触发状态下爬行,并可自动停止。

声控:由麦克风接收到的声音信号输出经 C_1 耦合到三极管 Q_1 的 B 极,Q_1 的 C 极输出信号经 C_3 耦合至 Q_2 的 B 极,Q_2 的 C 极对地导通。从而给时基电路 555 的 2 脚低电平触发端输入低电平信号,由时基电路 555 及外围元件组成的延时电路,通过 3 脚输出暂稳态高电平来控制由 Q_4、Q_5 组成的复合管,推动电机 M_1 转动,从而使爬行器运行。

光控:光控电路由光敏管 A_2 及 R_7 组成。平时光敏管在没有光照的时候阻值大,555 电路 2 脚电位高无触发。有光照的时候光敏管阻值变小,555 电路 2 脚为低电平,从而触发电路,3 脚输出暂稳态高电平控制电机。

磁控:磁控利用干簧管接在时基电路 555 的 2 脚触发端,当无磁场信号,干簧管不吸合时,时基电路 555 的 2 脚为高电平。当有磁场信号,干簧管吸合时,时基电路 555 的 2 脚为低电平,从而触发时基电路工作,3 脚输出高电平,来控制负载部分。

图 9-1 为智能爬行器电气原理图。

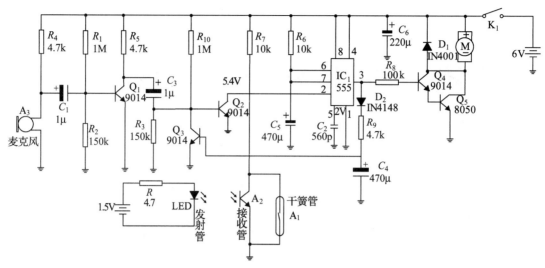

图 9-1 智能爬行器电气原理图

2. 放大电路介绍

所谓放大电路,就是把微弱的电信号(电流、电压或功率)转变为较强的电信号的电子电路。

根据输入、输出回路的公共端不同,三极管共有三种基本的组态(三种基本的接法),即共射组态、共集组态、共基组态,如图 9-2 所示。

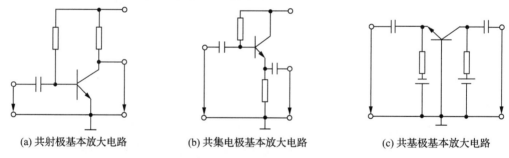

(a) 共射极基本放大电路　　(b) 共集电极基本放大电路　　(c) 共基极基本放大电路

图 9-2 三极管的三种基本组态

各电路特点如下:

共射:A_u、β 较大,R_i、R_o 适中,广泛用于低频电压放大的输入极、中间极和输出极。

共集:A_u 接近于 1 而小于 1——电压跟随、射极输出器。R_i 很高、R_o 很低,常被用作多级放大电路的输入极、输出极或作为隔离用的中间极。

共基:R_i 很小,频响好,常用于宽频带放大器。R_o 很大,作恒流源。

二、元器件介绍及应用

1. 干簧管介绍

干簧管具有一定的带负载能力,用来驱动蜂鸣器、发光管等。

干簧管周围的磁场强度达到或超过一定数值,其触点即吸合(闭合或开启),但实际情况并非完全如此,它吸合与否不仅与场强有关,还与两极所处的磁力线方向有关。可从干簧管与磁铁四种相对运动方式的情况分析中得知(如图9-3所示)。

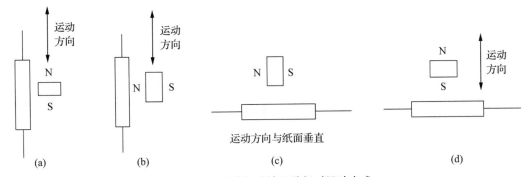

图 9-3 干簧管与磁铁四种相对运动方式

方式1:如图9-3(a)所示,磁铁沿干簧管长度方向移动,磁铁的N(或S)极向着前进方向,此时可以看到在磁铁从接近一端移至另一端吸合过程中有两次释放,即触点的两侧有两死点。

方式2:如图9-3(b)所示,磁铁移动方向同上,但移动时磁铁的N(或S)极面向干簧管,此时可看到在吸合的全过程中有一次释放,即触点位置是一死点。

方式3:如图9-3(c)所示,磁铁运动方向与干簧管长度方向垂直,其交叉点(或立交点)正是触点位置(一般是干簧管的中间),磁铁的S/N极分别在运动方向的两侧,此时近则吸合、远则释放,中间无死点。

方式4:如图9-3(d)所示,运动方向同方式3,但磁铁的N(或S)极面向触点,此时无论远近,干簧管均不吸合。

2. 555 电路介绍

(1) 555 电路内部组成如图9-4所示。

(2) 555 集成电路的各引脚说明如下。

1 脚(GND):接地端。

2 脚($\overline{TR}$):低电平触发端。

3 脚(VO):输出端。输出电流200mA,可直接驱动发光二极管、继电器、扬声器等,输出电压低于电源电压 1~3V。

4 脚($\overline{MR}$):复位端。输入负脉冲或其电位低于0.7V使触发器直接复位置"0"。

5 脚(V_C):电压控制端。用它改变上、下触发电平值,不用时经 0.01μF 电容接地,以防止干扰引入。

6 脚(TH):高电平触发端。

7 脚(DIS):放电端。

8 脚(V_{DD}):电源端,可在 5~18V 范围内使用。

(3) 555 单稳态触发器。

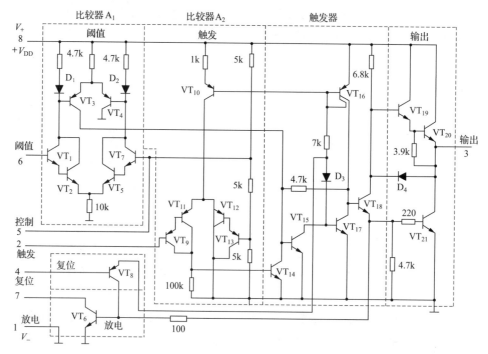

图 9-4 555 电路内部组成

图 9-5 中,左图是 555 构成的单稳态触发电路,图中 R、C 是定时元件,C_1 是旁路电容,输入触发信号 U_i 加在低触发端(2 脚),由 OUT 端(3 脚)给出输出信号。工作波形如图 9-5 的右图所示,$T_w = RC\ln 3 = 1.1RC$。

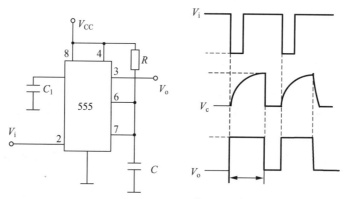

图 9-5 555 单稳态触发器

三、智能爬行器元器件焊接与组装

1. 智能爬行器元器件的焊接

(1) 对所装元器件预先进行检查,确保元器件处于良好状态。

(2) 确定印板上元器件图表、代号、插孔与原理图的一一对应关系,按图中编号找到相应的元器件,按先低后高的要求安装。

(3) 将镀锡短接线、电阻、二极管等按图纸装焊好。

(4) 将集成块插好焊上。

(5) 将三极管、瓷片电容等其他元件按要求焊好。

(6) 将电解电容、印板外接线按图示位置焊在铜箔面上。

(7) 安装焊接二极管时要注意极性。

(8) 安装焊接电容时要注意极性。

(9) 焊点应光亮圆滑,严防虚、假、错焊及拖锡短路现象。

2. 智能爬行器印刷板(如图 9-6 所示)

图 9-6　智能爬行器印刷板

3. 印刷板元件排列图(如图 9-7 所示)

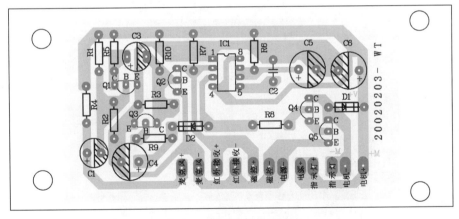

图 9-7　印刷板元件排列图

4. 拆卸爬行器前爪(如图 9-8 所示)

图 9-8　拆卸爬行器前爪

5. 拆卸爬行器头部(如图 9-9 所示)

图 9-9　拆卸爬行器头部

6. 拆卸爬行器电池盖(如图 9-10 所示)

图 9-10　拆卸爬行器电池盖

7. 拆卸爬行器底部4个螺丝(如图9-11所示)

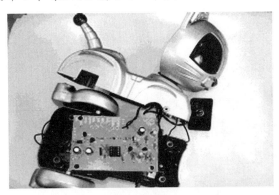

图 9-11　拆卸爬行器底部4个螺丝

8. 装配内部电路(如图9-12所示)

图 9-12　装配内部电路

(1) 电池盒"－"接印刷电路板(电源"－"、磁控"－")。

(2) 音乐集成片上电解电容"－"接印刷电路板指示灯"－"。

(3) 固体麦克风上两个电极引出至印刷电路板上麦克风"＋""－"。将固体麦克风用热溶胶黏合(如图9-13所示)。

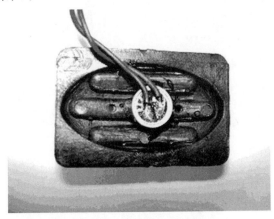

图 9-13　麦克风电极引出

9. 红外接收管引线至印刷电路板红外接收"＋""－"处，红外接收管装配在头部的鼻孔处（如图 9-14 所示）

 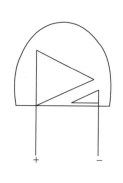

图 9-14　红外接收管引线

10. 干簧管引线至磁控"＋""－"，干簧管装配在胸部（如图 9-15 所示）

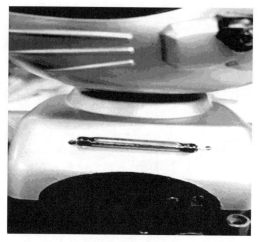

图 9-15　干簧管装配

11. 直流电动机部分

（1）将原电动机上一端的 2 根绿线与 1 根红线断开，用 0.3mm 导线引长（尺寸自定），再引出 1 根导线至印刷板上电机"－"处。

（2）将原电动机上另一端用 0.3mm 导线引出（尺寸自定），至印刷板上指示灯"＋"处。

12. 滑动触点的静触片上 2 根绿线与 1 根红线断开，用 0.3mm 导线引长（尺寸自定）

13. 整机完成后如图 9-16 所示

图 9-16 智能爬行器实物

四、调试

1. 光控

用配套小手电筒照射光敏三极管传感器,电动机即启动,机器载体行走,一直照射一直走,不照即停(做光控实验应避免外来强光照射,造成不停步)。

2. 声控

用手掌拍几下或用口对准麦克风传感器吹气,电动机即启动,机器载体行走,多拍多走,不拍不吹不走(做声控实验应切断扬声器叫声,否则无法停止)。

3. 磁控

用磁铁靠近干簧管传感器,电动机启动,机器载体行走(可用喇叭磁铁代替)。

五、元件清单

表 9-1 元件清单

名称	文字代号	规格	名称	文字代号	规格	名称	文字代号	规格
电阻	R_1	1MΩ	电容	C_3	1μF	三极管	Q_4	9014
电阻	R_2	150kΩ	电容	C_4	470μF	三极管	Q_5	8050
电阻	R_3	150kΩ	电容	C_5	470μF	集成电路	IC_1	555
电阻	R_4	4.7kΩ	电容	C_6	220μF	印刷板		1块
电阻	R_5	4.7kΩ	二极管	D_1	1N4001	手电筒		1只
电阻	R_6	10kΩ	二极管	D_2	1N4148	扬声器		1只
电阻	R_7	10kΩ	干簧管	A_1	传感器	红外接收器		1个

续表

名称	文字代号	规格	名称	文字代号	规格	名称	文字代号	规格
电阻	R_8	100kΩ	红外管	A_2	接收器	电池		1套
电阻	R_9	4.7kΩ	麦克风	A_3	传感器	电机		1个
电阻	R_{10}	1M	三极管	Q_1	9014			
电容	C_1	1μF	三极管	Q_2	9014			
电容	C_2	560pF	三极管	Q_3	9014			

六、主要故障排除

首先检查电源,确定电源工作正常。

电机不转,则检修步骤如下:

检查电机 →(坏)→ 换电机

↓

(正常)

↓

拆除 555 电路,在底座上加电源电压→(不转)→ Q_4 或 Q_5 坏

↓

(转)

↓

加上 555 电路,将 2 脚对地短接一下→(不转)→ 查 555 外围电路→(好)→ 换 555 电路

↓   (坏)

(转)   ↓

↓

查 Q_2、Q_3、Q_1、A_2→(坏)→更换   更换所坏电路

七、技能训练

1. 技能训练要求

(1) 根据课题的要求,按照电子原理图完成印板的焊接和线路连接。

(2) 按照步骤要求进行电子印板的调试与测量。

(3) 时间:360 分钟。

2. 技能训练内容

(1) 按照智能爬行器电子原理图在实训套件(智能爬行器)上进行焊接和线路连接。

(2) 检查接线,正确无误后进行通电调试与测量。

(3) 按照指导教师的要求叙述工作原理。

3. 技能训练使用的设备、工具、材料

万用表   1台

双踪示波器   1台

智能爬行器套件	1 套
30W 电烙铁	1 台
手电筒	1 个
磁块	1 块
1mm 焊丝	若干
松香	若干
连接导线	若干

4．技能训练步骤

（1）按电路原理图（图 9-1）在实训套件（智能爬行器）上进行焊接，应按要求焊接，使无虚焊、无脱焊、无桥接等，检查焊点是否光滑、无毛刺。

（2）光控。

用配套小手电筒，照射光敏三极管传感器，电动机即启动，机器载体行走，一直照射一直走，不照即停，并向指导教师演示。

（3）声控。

用声响对准麦克风传感器，电动机即启动，机器载体行走，并向指导教师演示。

（4）磁控。

用磁铁靠近干簧管传感器，电动机启动，机器载体行走，并向指导教师演示。

5．技能评分标准（如表 9-2 所示）

表 9-2　技能评分标准

课题名称		智能爬行器的制作	额定时间	360 分钟
课题要求	配分	评 分 细 则		得分
焊接接线	20	每有虚焊、脱焊、桥接，扣 5 分		
		每有 1 处错接，扣 5 分		
调试	30	每通电 1 次，不成功每处扣 5 分		
		通电调试不成功或不能调试，扣 30 分		
仪器使用及测试	10	使用万用表、示波器错误，每处扣 3 分		
		不能正确使用万用表、示波器，扣 10 分		
原理叙述	30	整体电路概述不全面，扣 3～7 分		
		整体电路不会概述，扣 10 分		
		555 单稳态电路工作原理叙述不全面，扣 3～7 分		
		555 单稳态电路工作原理不会叙述，扣 10 分		
		光控、声控、磁控电路工作原理叙述不全面，扣 3～7 分		
		光控、声控、磁控电路工作原理不会叙述，扣 10 分		

续表

课题名称		智能爬行器的制作	额定时间	360 分钟
课题要求	配分	评 分 细 则	得分	
安全生产,无事故发生	10	安全文明生产,符合操作规程,不扣分		
		经提示后能规范操作,扣 5 分		
		不能文明生产,不符合操作规程,扣 10 分		

评分教师: 　　　　　　　　　　　　日期:

课题十 永磁式直流调速电路的制作

【教学目的】

(1) 在理解和掌握永磁式直流调速电路工作原理的基础上,独立完成电路的安装与调试。

(2) 掌握电子电路的分析能力、读图能力和动手能力。

【任务分析】

永磁式直流调速电路制作是一种实现直流电机无级调速的典型电路,通过实验,完成电路安装、调试。

一、电路介绍

永磁式直流电动机由定子磁极、转子、电刷、外壳等组成,定子磁极采用永磁体(永久磁钢),如铁氧体、铝镍钴、钕铁硼等。按其结构形式可分为圆筒型和瓦块型等几种。录放机中使用的多数为圆筒型磁体,而电动工具及汽车用电器中使用的电动机多数采用砖块型磁体。

转子一般采用硅钢片叠压而成,较电磁式直流电动机转子的槽数少。录放机中使用的小功率电动机多数为3槽,较高档的为5槽或7槽。漆包线绕在转子铁心的两槽之间(3槽即有3个绕组),其各接头分别焊在换向器的金属片上。电刷是连接电源与转子绕组的导电部件,具备导电与耐磨两种性能。永磁电动机的电刷使用单性金属片或金属石墨电刷、电化石墨电刷。

永磁直流电机的主要特点如下:

(1) 永磁电机不需要直流励磁电源,可以减少电源的耗电量,具有重要的经济价值。

(2) 永磁电机没有励磁绕组,节省了电机的用铜量,减少了电气铜耗。特别是在微型和小容量电机中,电机的质量、体积、效率和成本都得到了改善。

(3) 可以通过对励磁电流的调节来控制电磁式电机中的主磁通,但是永磁电机中永磁材料的磁场是恒定的,因此永磁电机电压调整率差,调速也只能通过改变电枢电压/电流来实现。

(4) 受材料限制,永磁电机以微型和小容量为主。

永磁式直流调速电路(图 10-1)由 LM324(四运放集成电路)、LM358(内部包括两个独立、高增益、内部频率补偿的双运算放大器)、MOC3021(可控硅输出的光电耦合器)、78 及 79 系列三端稳压电路及外围分立元件组成。

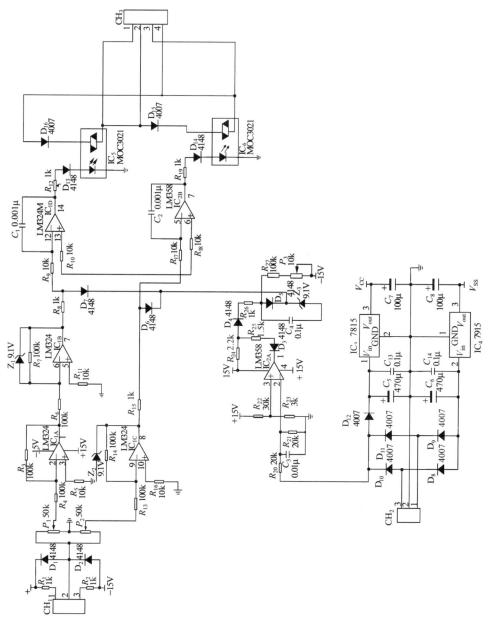

图 10-1 永磁式直流调速电路

二、元器件介绍及应用

晶闸管的触发方式有移相触发和过零触发两种。常用的触发电路与主回路之间由于有电的联系,易受电网电压的波动和电源波形畸变的影响,为解决同步问题,往往又使电路较为复杂。器件 MOC3021(如图 10-2 所示)可以很好地解决这些问题。该器件用于触发晶闸管,具有价格低廉、触发电路简单可靠的特点。它采用 DIP 封装方式,通道数为 1,隔离电压为 7500V,输出类型为三端双向可控驱动,输入电流为 60mA,输出电压为 400V,针脚数为 6,光电耦合器类型为 SCR/三端双向可控硅开关输出的过零触发双硅输出光耦。

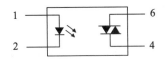

图 10-2 光电耦合器 MOC3021

三、电路组成、调试

(1) 三端稳压管 7815、7915 为电路提供正、负 15V 直流电压(如图 10-3 所示)。

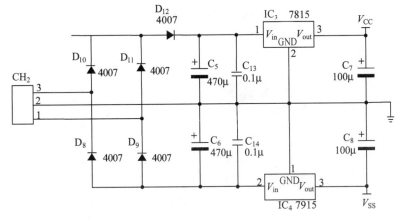

图 10-3 三端稳压管 7815、7915 电路

(2) LM324 电路组成电压比较电路(如图 10-4 所示)。

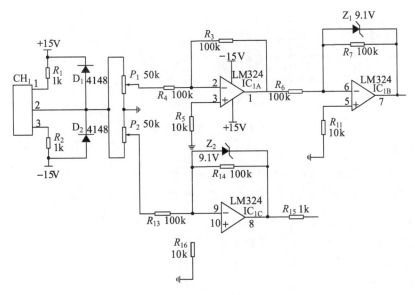

图 10-4 电压比较电路

(3) LM358 运放电路(如图 10-5 所示)。

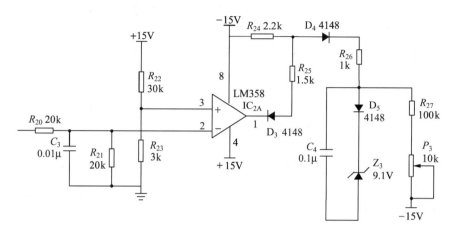

图 10-5　LM358 运放电路

(4) 光电隔离电路(如图 10-6 所示)。

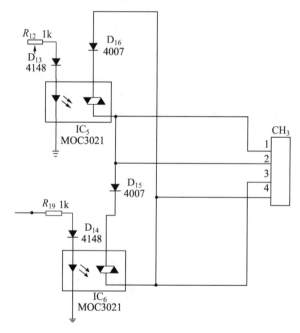

图 10-6　光电隔离电路

(5) 调试。

① 在 CH_2 端子处接入 AC18V 变压器。

② 在 CH_1 端子处接入电位器($4.7 \sim 10 k\Omega$,调节直流电机正、反转)。

③ 在 CH_5 端子处接入直流电机。

④ 调节电位器 P_1,调节电机正转转矩。

⑤ 调节电位器 P_2,调节电机反转转矩。

⑥ 调节电位器 P_3,调节电机正、反转速度平衡。

四、技能训练

1. 技能训练要求

(1) 根据课题的要求,按照电子原理图完成印板的焊接和线路的连接。

(2) 按照步骤要求进行电子印板的调试与测量。

(3) 时间:360分钟。

2. 技能训练内容

(1) 按照永磁式直流调速原理图在实训套件(永磁式直流调速电路)上进行焊接和线路连接。

(2) 检查接线,正确无误后进行通电调试与测量。

(3) 按照指导教师的要求叙述工作原理。

3. 技能训练使用的设备、工具、材料

万用表	1台
双踪示波器	1台
信号发生器	1台
永磁式直流调速电路套件	1套
30W 电烙铁	1台
焊丝	若干
松香	若干
连接导线	若干

4. 技能训练步骤

(1) 按电路原理图(图 10-1)在实训套件(永磁式直流调速电路)上进行焊接,应按要求进行焊接,使无虚焊、无脱焊、无桥接等,检查焊点是否光滑、无毛刺。以下为元件清单:

1kΩ,1/4W	R_1、R_2、R_8、R_{12}、R_{15}、R_{19}、R_{26}
3kΩ,1/4W	R_{23}
10kΩ,1/4W	R_5、R_9、R_{10}、R_{11}、R_{16}、R_{17}、R_{18}
100kΩ,1/4W	R_3、R_4、R_6、R_7、R_{13}、R_{14}、R_{27}
30kΩ,1/4W	R_{22}
1.5kΩ,1/4W	R_{25}
2.2kΩ,1/4W	R_{24}
20kΩ,1/4W	R_{20}、R_{21}
50kΩ,3386	P_1、P_2
10kΩ,3386	P_3
1N4007	D_8、D_9、D_{10}、D_{11}、D_{12}、D_{15}、D_{16}
1N4148	D_1、D_2、D_3、D_4、D_5、D_6、D_7、D_{13}、D_{14}

9.1V	Z_1、Z_2、Z_3
0.001μF	C_1、C_2
0.01μF	C_3
0.1μF	C_4
470μF/35V	C_5、C_6
100μF/25V	C_7、C_8
7815	IC_3
7915	IC_4
LM324	IC_{1A}、IC_{1B}、IC_{1C}、IC_{1D}
LM358	IC_{2A}、IC_{2B}
MOC3021	IC_5、IC_6

(2) 完成电路调试,并向指导教师演示。

5. 技能评分标准(如表 10-1 所示)

表 10-1 技能评分标准

课题名称		永磁式直流调速电路的制作	额定时间	360 分钟
课题要求	配分	评 分 细 则		得分
焊接接线	20	每有虚焊、脱焊、桥接,扣 5 分		
		每有 1 处错接,扣 5 分		
调试	30	每通电 1 次,不成功每处扣 5 分		
		通电调试不成功或不能调试,扣 30 分		
仪器使用及测试	10	使用万用表、示波器错误,每处扣 3 分		
		不能正确使用万用表、示波器,扣 10 分		
原理叙述	30	整体电路概述不全面,扣 3~7 分		
		整体电路不会概述,扣 10 分		
		运放电路工作原理叙述不全面,扣 3~7 分		
		运放电路工作原理不会叙述,扣 10 分		
		调试方法叙述不全面,扣 3~7 分		
		调试方法不会叙述,扣 10 分		
安全生产,无事故发生	10	安全文明生产,符合操作规程,不扣分		
		经提示后能规范操作,扣 5 分		
		不能文明生产,不符合操作规程,扣 10 分		

评分教师: 日期:

课题十一 频闪器的制作

【教学目的】

（1）在理解和掌握频闪器电路工作原理的基础上，独立完成电路的安装与调试。
（2）掌握电子电路的分析能力、读图能力和动手能力。

【任务分析】

所用频闪器观测高速旋转或运动的物体时，通过调节其闪动频率，使其与被测物的转动或运动速度接近并同步时，被测物虽然在高速运动着，但看上去却是缓慢运动或相对静止的。通过实验，掌握其工作原理，完成电路的安装、调试。

一、电路介绍

频闪器是一种能够近乎连续不断重复出现高速闪光的电子光源，频闪放电装置能够在 1 秒之内连续闪光超过 20000 次。频闪器是以一定频率闪动的光源，在用频闪器观测高速旋转或运动的物体时，通过调节它的闪动频率，使其与被测物的转动或运动速度接近并同步时，被测物虽然在高速运动着，但看上去却是缓慢运动或相对静止的。利用这种视觉暂留现象，使人目测就能轻易观测高速运动物体的运行状况，如各类转子、齿轮啮合、振动设备的诊断，纺织、印刷、包装生产线情况，高速物体表面缺损及运行轨迹等。该技术广泛应用于机械制造、印刷、轻工、纺织、电力、医药、食品加工等行业。

频闪器电路原理图如图 11-1 所示。

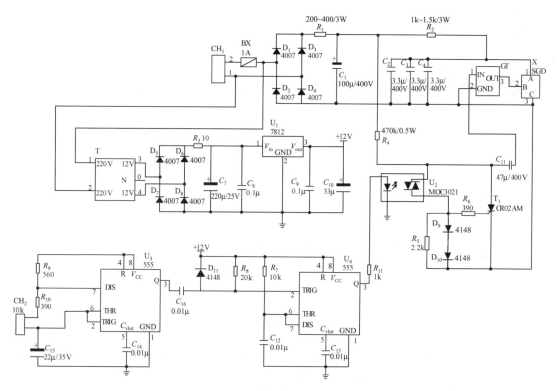

图 11-1 频闪器电路原理图

二、元器件介绍及应用

1. 可控硅 CR02AM

可控硅是可控硅整流元件的简称,是一种具有三个 PN 结的四层结构的大功率半导体器件,亦称为晶闸管。它具有体积小、结构相对简单、功能强等特点,是比较常用的半导体器件之一。该器件被广泛应用于各种电子设备和电子产品中,多用于可控整流、逆变、变频、调压、无触点开关等。

(1) 可控硅分类方法。

① 按关断、导通及控制方式分:分为普通单向可控硅、双向可控硅、逆导可控硅、门极关断可控硅(GTO)、BTG 可控硅、温控可控硅和光控可控硅等多种。

② 按引脚和极性分:分为二极可控硅、三极可控硅和四极可控硅。

③ 按封装形式分:分为金属封装可控硅、塑封可控硅和陶瓷封装可控硅三种类型。其中,金属封装可控硅又分为螺栓形、平板形、圆壳形等多种;塑封可控硅又分为带散热片型和不带散热片型两种。

④ 按电流容量分:分为大功率可控硅、中功率可控硅和小功率可控硅三种。通常,大功率可控硅多采用金属壳封装,而中、小功率可控硅则多采用塑封或陶瓷封装。

⑤ 按关断速度分:分为普通可控硅和高频(快速)可控硅。

(2) 触发方式。

① 过零触发一般用于调功,即当正弦交流电电压相位过零点时触发,导通可控硅。

② 非过零触发即无论交流电电压在什么相位的时候都可触发导通可控硅,常见的是移相触发,即通过改变正弦交流电的导通角(角相位),来改变输出百分比。

(3) 主要参数。

① 电流。

额定通态电流(I_T)即最大稳定工作电流,简称电流。常用可控硅的 I_T 一般为 1A 到几十安。

② 耐压。

反向重复峰值电压(V_{RRM})或断态重复峰值电压(V_{DRM})简称耐压。常用可控硅的 V_{RRM}/V_{DRM} 一般为几百伏到 1000V。

③ 触发电流。

控制极触发电流(I_{GT})简称触发电流。常用可控硅的 I_{GT} 一般为几微安到几十毫安。

④ 额定正向平均电流。

在规定环境温度和散热条件下,允许通过阴极和阳极的电流平均值。

(4) 普通单向可控硅 CR02AM 管脚图(如图 11-2 所示)。

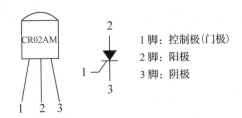

图 11-2　CR02AM 管脚图

2. 闪光灯管(如图 11-3 所示)

闪光灯管采用石英特种玻璃制造,电压可耐 1000V,温度可耐 1000℃,触发电压约为 6~8kV,为表面带绕线的 U 型 6U40 灯管。它峰值功为 40W,寿命为一千万次,管径为 6mm,高度为 40mm,工作电压为 310V,触发电压为 20kV。

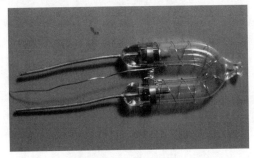

图 11-3　闪光灯管

3. 高压触发线圈(如图 11-4 所示)

高压触发线圈由铁氧体材料构成,高压触发线圈与闪光灯管连接,通过高压触发线圈工作控制闪光灯管发光。

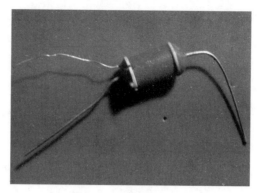

图11-4　高压触发线圈

三、电路组成、调试

1. 闪光灯管供电单元

闪光灯管供电单元(如图11-5所示)是电路中灯管工作电压供电部分。220V 市电在端子 CH_1 处输入，经单相桥式整流电路、滤波电路等，与闪光灯管单元的输入电源端连接并提供灯管稳定的直流工作电压。在某些特定场合使用的时候，可以将电容 C_2 容量增大，提高灯管的亮度。

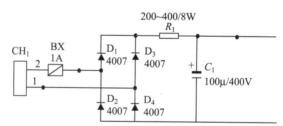

图11-5　闪光灯管供电单元

2. 控制电压供电单元

控制电压供电单元(如图11-6所示)由降压变压器、单相桥式整流电路、滤波电容、正电压输出 7812 三端稳压管构成，与控制触发单元连接并提供控制触发单元集成电路所需的工作电压。

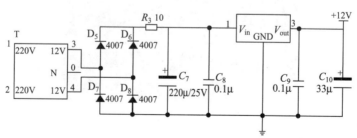

图11-6　控制电压供电单元

3. 控制触发电路单元

(1) 由555电路构成的施密特触发器控制触发电路(如图11-7所示)。

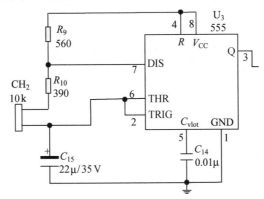

图 11-7　555电路构成的触发电路

脉冲信号在传输过程中,如果受到干扰,其波形就会产生变形,利用施密特触发器进行整形,将变形的矩形波变为规则的矩形波。图中 CH_2 端连接电位器 R_P,控制触发电路。占空比可变的振荡电路与输入端带有 RC 微分电路的单稳电路构成输入脉冲启动电路。改变电位器 R_P 电阻值可以改变输出频率,这提高了电路适应能力。

调节输出频率计算方法如下:

$$T = 0.7(R_9 + 2R_{10} + R_P)C$$

$$f = 1/T$$

(2) 脉冲启动型单稳电路(如图11-8所示)。

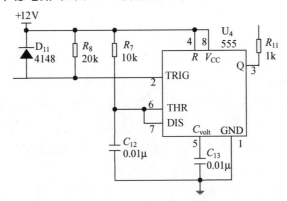

图 11-8　脉冲启动型单稳电路

4. 光耦隔离的触发电路(如图11-9所示)

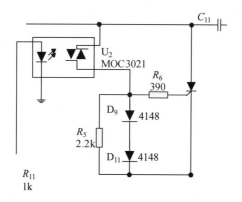

图 11-9　光耦隔离的触发电路

5. 晶闸管触发电路(如图 11-10 所示)

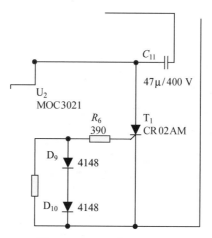

图 11-10　晶闸管触发电路

晶闸管的控制电极与光电耦合器输出端连接,晶闸管的阳极连接高压线圈触发单元。晶闸管导通控制高压触发线圈工作,高压线圈在闪光灯管的触发极加上高压,使闪光灯管导通。在研究提供闪光灯管触发电压问题时,为了达到高电压使用线圈升压。

触发电路中的触发电容 C_{11} 对闪光灯管供电单元进行充电,充电时间也依照频散静像仪闪光的闪动频率来设定。由于触发部分需要高压,因此 R_4 需要选择比较高阻值(470kΩ 1/2W)的电阻。与之相对应的,电容数值 47nF 可满足时间常数。

触发电容 C_{11} 的一端连在升压线圈的一次侧,升压线圈的二次侧则连接上闪光灯管的触发极,线圈的第三端接地。

四、电路调试

(1) 在 CH_1 端子处接入 AC 220V 电源。

(2) 在 CH_2 端子处接入 10k 电位器(如图 11-11 所示)。

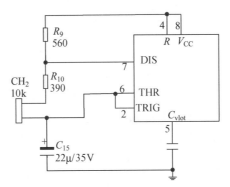

图 11-11　外部调节电位器接入

（3）在 GT 端接入触发线圈，A、C 端接入闪光灯管，B 端为闪光灯管的触发极，与 GT 的输出端相连（如图 11-12 所示）。

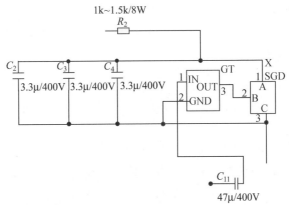

图 11-12　接入触发线圈、闪光灯管

五、技能训练

1. 技能训练要求

（1）根据课题的要求，按照电子原理图完成印板的焊接和线路连接，电子印板如图 11-13 所示。

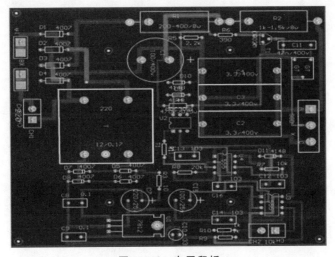

图 11-13　电子印板

(2) 按照步骤要求进行电子印板的调试与测量。

(3) 时间：360 分钟。

2．技能训练内容

(1) 按照频闪器电路原理图在实训套件上进行焊接和线路连接。

(2) 检查接线，正确无误后进行通电调试与测量。

(3) 按照指导教师的要求叙述工作原理。

3．技能训练使用的设备、工具、材料

万用表	1 台
双踪示波器	1 台
信号发生器	1 台
频闪器电路套件	1 套
30W 电烙铁	1 台
焊丝	若干
松香	若干
连接导线	若干

4．技能训练步骤

按电路原理图(图 11-1)在实训套件(频闪器电路)上进行焊接，应按要求进行焊接，使无虚焊、无脱焊、无桥接等，检查焊点是否光滑、无毛刺。以下为元件清单：

$0.1\mu F$	2	C_8、C_9
1A	1	BX
$1k\Omega$	1	R_{11}
$1\sim1.5k\Omega$	1	R_2
$2.2k\Omega$	1	R_5
$3.3\mu F/400V$	3	C_2、C_3、C_4
10Ω	1	R_3
$10k\Omega$	2	CH_2、R_7
$20k\Omega$	1	R_8
$33\mu F$	1	C_{10}
$22\mu F/25V$	1	C_{15}
$47\mu F/400V$	1	C_{11}
$100\mu F/400V$	1	C_1
$0.01\mu F$	4	C_{12}、C_{13}、C_{14}、C_{16}
$200\sim400\Omega/8W$	1	R_1
$220\mu F/25V$	1	C_7
390Ω	2	R_6、R_{10}

47kΩ/0.5W	1	R_4
555	2	U_3、U_4
560	1	R_9
4007	8	D_1、D_2、D_3、D_4、D_5、D_6、D_7、D_8
4148	3	D_9、D_{10}、D_{11}
7812	1	U_1
CR02AM	1	T_1

5. 技能评分标准(如表11-1所示)

表11-1 技能评分标准

课题名称		频闪器的制作	额定时间	360分钟
课题要求	配分	评 分 细 则		得分
焊接接线	20	每有虚焊、脱焊、桥接,扣5分		
		每有1处错接,扣5分		
调试	30	每通电1次,不成功每处扣5分		
		通电调试不成功或不能调试,扣30分		
仪器使用及测试	10	使用万用表、示波器错误,每处扣3分		
		不能正确使用万用表、示波器,扣10分		
原理叙述	30	整体电路概述不全面,扣3~7分		
		整体电路不会概述,扣10分		
		控制触发电路工作原理叙述不全面,扣3~7分		
		控制触发电路工作原理不会叙述,扣10分		
		555电路工作原理叙述不全面,扣3~7分		
		555电路工作原理不会叙述,扣10分		
安全生产,无事故发生	10	安全文明生产,符合操作规程,不扣分		
		经提示后能规范操作,扣5分		
		不能文明生产,不符合操作规程,扣10分		

评分教师: 日期:

课题十二 微弱信号放大器的制作

【教学目的】

(1) 在理解和掌握微弱信号放大器电路工作原理的基础上,独立完成电路的安装与调试。

(2) 掌握电子电路的分析能力、读图能力和动手能力。

【任务分析】

微弱信号是信号的一种状态,主要指声信号、光信号或电信号等消息强度低,既小又弱,不易被接收、感觉到。通过实验,掌握将微弱电压转换为频率的电路的工作原理,完成电路的安装、调试。

一、电路介绍

采用微弱信号放大器电路(如图 12-1 所示),一是方便传感器信号的传输,微小电压信号经过线路传输,易受温度影响,导致误差,如果经过压/频变换后再传输,效果就会明显改变。二是压/频变换后,经单片机计数,方便计算机对传感器进行采样,以进行计算机信号处理。

课题十二 微弱信号放大器的制作

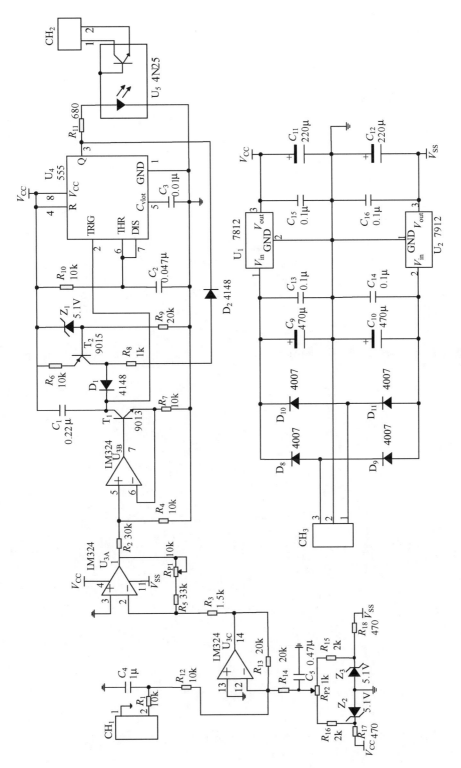

图12-1 微弱信号放大器原理图

二、电路组成

1. 电源部分(如图 12-2 所示)

整流、7812、7912 三端稳压,输出 DC $+12\text{V}$、-12V。

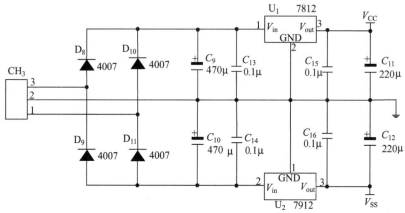

图 12-2 电源部分

2. 电压放大部分(如图 12-3 所示)

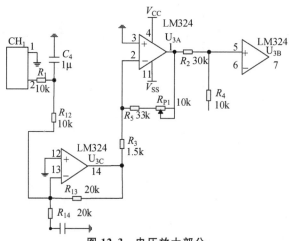

图 12-3 电压放大部分

(1) 反相比例运算电路(如图 12-4 所示)。

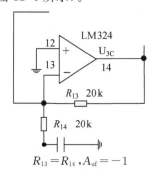

$R_{13}=R_{14}$,$A_{uf}=-1$

图 12-4 反相比例运算电路

(2) 闭环电路(如图 12-5 所示)。

闭环电压放大倍数: $A_u = (R_5 + R_{P1})/R_3$。

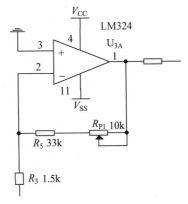

图 12-5 闭环电路

(3) 电压跟随器(如图 12-6 所示)。

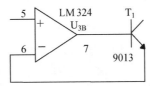

图 12-6 电压跟随器

3. 555 单稳态电路(如图 12-7 所示)

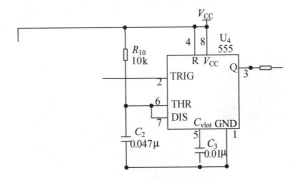

图 12-7 555 单稳态电路

4. 光电隔离电路(如图 12-8 所示)

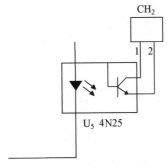

图 12-8 光电隔离电路

三、电路调试

(1) 在 CH_3 端子处接入 AC 15V 电源。

(2) 将 CH_1 端短接(如图 12-9 所示)。

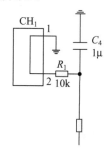

图 12-9　CH_1 端短接

(3) 用万用表测 LM324 的 14 号管脚电压(如图 12-10 所示)。

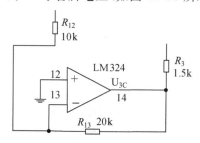

图 12-10　测 LM324 的 14 号管脚电压

(4) 调节 R_{P2}(如图 12-11 所示),将 LM324 的 14 号管脚电压调整到 0。

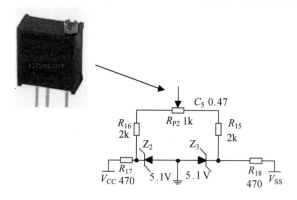

图 12-11　给定电压调节

(5) 在 CH_1 端子处接入取样电压(0~200mV),如图 12-12 所示。

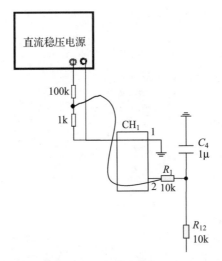

图 12-12 取样电压接入

(6) 将运放 LM324 的 5 脚电压调至 10V 左右(如图 12-13 所示)。

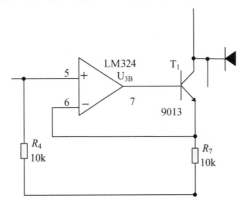

图 12-13 调节运放的 5 脚电压

四、技能训练

1. 技能训练要求

(1) 根据课题的要求,按照电子原理图完成印板(如图 12-14 所示)的焊接和线路连接。

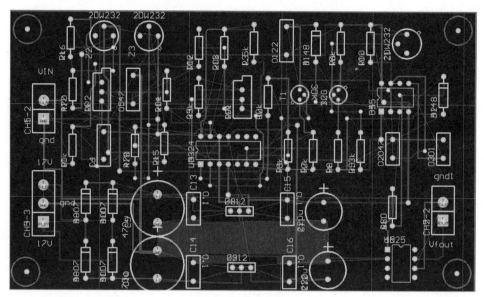

图 12-14 电子印板

(2) 按照步骤要求进行电子印板的调试与测量。

(3) 时间：360 分钟。

2. 技能训练内容

(1) 按照微弱信号放大器电路原理图在实训套件上进行焊接和线路连接。

(2) 检查接线，正确无误后进行通电调试与测量。

(3) 按照指导教师的要求叙述工作原理。

3. 技能训练使用的设备、工具、材料

万用表	1 台
双踪示波器	1 台
信号发生器	1 台
微弱信号放大器电路套件	1 套
30W 电烙铁	1 台
焊丝	若干
松香	若干
连接导线	若干

4. 技能训练步骤

按电路原理图（图 12-1）在实训套件（微弱信号放大器电路）上进行焊接，应按要求进行焊接，使无虚焊、无脱焊、无桥接等，检查焊点是否光滑、无毛刺。以下为材料清单：

$10\text{k}\Omega, 1/4\text{W}$	$R_1, R_4, R_6, R_7, R_{10}, R_{12}$
5.1V	$Z_1 \sim Z_3$
$30\text{k}\Omega, 1/4\text{W}$	R_2
$0.22\mu\text{F}$	C_1
$0.047\mu\text{F}$	C_2
$20\text{k}\Omega, 1/4\text{W}$	R_9, R_{13}, R_{14}
$0.01\mu\text{F}$	C_3
$1\mu\text{F}$	C_4
$33\text{k}\Omega, 1/2\text{W}$	R_5
$0.47\mu\text{F}$	C_5
$1.5\text{k}\Omega, 1/4\text{W}$	R_3
$470\mu\text{F}/16\text{V}$	C_9, C_{10}
$1\text{k}\Omega, 1/2\text{W}$	R_8
$100\mu\text{f}(220\mu\text{f})/25\text{V}$	C_{11}, C_{12}
$470\Omega, 1/4\text{W}$	R_{17}, R_{18}
$0.1\mu\text{F}$	$C_{13} \sim C_{16}$
$680\Omega, 1/4\text{W}$	R_{11}
7812	U_1
$2\text{k}\Omega, 1/4\text{W}$	R_{15}, R_{16}
7912	U_2
$10\text{k}\Omega, 3296$	R_{P1}
LM324	U_{3A}, U_{3B}, U_{3C}
$1\text{k}\Omega, 3296$	R_{P2}
555	U_4
1N4148	D_1, D_2
4N25	U_5
1N4007	D_8, D_{11}
9013	T_1
9015	T_2

5. 技能评分标准(如表 12-1 所示)

表 12-1 技能评分标准

课题名称		微弱信号放大器的制作	额定时间	360 分钟
课题要求	配分	评 分 细 则		得分
焊接接线	20	每有虚焊、脱焊、桥接,扣 5 分		
		每有 1 处错接,扣 5 分		
调试	30	每通电 1 次,不成功每处扣 5 分		
		通电调试不成功或不能调试,扣 30 分		
仪器使用及测试	10	使用万用表、示波器错误,每处扣 3 分		
		不能正确使用万用表、示波器,扣 10 分		
原理叙述	30	整体电路概述不全面,扣 3~7 分		
		整体电路不会概述,扣 10 分		
		电压放大电路工作原理叙述不全面,扣 3~7 分		
		电压放大电路工作原理不会叙述,扣 10 分		
		555 电路工作原理叙述不全面,扣 3~7 分		
		555 电路工作原理不会叙述,扣 10 分		
安全生产,无事故发生	10	安全文明生产,符合操作规程,不扣分		
		经提示后能规范操作,扣 5 分		
		不能文明生产,不符合操作规程,扣 10 分		

评分教师: 日期:

课题十三 无线遥控车的制作

【教学目的】

(1) 在理解和掌握无线遥控车工作原理的基础上,独立完成电路的安装与调试。
(2) 掌握电子电路的分析能力、读图能力和动手能力。

【任务分析】

无线遥控车采用实验电子控制电路与机械部件组合而成,其模型可通过无线电遥控器发射电磁波信号,由无线遥控接收器接收控制机械手抓、放、上、下、前、退、左、右、卸装或灯亮等动作。

一、原理介绍

1. 无线遥控车工作原理介绍

无线电遥控利用无线电波对控制对象进行遥控,可以对几千公里外的导弹、火箭、卫星、无人驾驶飞机等进行远距离遥控,也可以遥控室内家用电器、智能玩具,在工厂中还可遥控机器和设备进行特定的加工或操作。遥控机械手可进行排雷、排除有高毒物体等对人类有伤害的工作。

本机为单路双通道五功能开关型无线电遥控器,主要由无线电遥控发射编码信号,发射指令通过编码器产生编码信号,送到调制器。在调制器中编码信号搭载频率比较高的电磁波信号,产生调制信号,由调制器通过高频放大器放大,再由发射天线发送。无线电遥控接收器接收天线收到发射天线的微弱的调制信号,送到高频放大器进行放大,然后送到调解器后送入解码器。解码信号还原控制信号,送入控制执行电路,由控制执行电路(驱动电路)来驱动电机转动。本机发射部分由编码器、振荡器、调整放大器组成。编码器有5个按键开关,L为上转,R为下转,F为抓,P为放,T为控制,当按下其中一个按键时,输出编码信号。X_1、V_1、L_1、R_3、C_{11}、C_3、R_4 组成振荡器电路产生 27MHz 高频载波;V_2、L_3、C_6、R_5、C_5、C_9 组成调制放大器,将编码器输出信号调制到高频载波信号上,调幅波经天线匹配电路加载到天线上;L_2、C_7、C_8 组成天线匹配电路。接收部分为接收高频放大器,引脚1为电源正极,引脚4为电源负极,引脚5与接收天线相连,引脚2输出接收到的信号。解码解调器引脚7为电源正极,引脚1为电源负极,引脚2、3、4、5是解码信号输出端,分别输出控制信号,调整引脚6输出其他的控制信号,引脚8是接收信号输入端。$V_1 \sim V_{13}$是输出驱动三极管,能控制电机的运行。适当提高天线长度可达到不同的控制距离,本机由无线电遥控发射。通过无线电遥控接收机,驱动放大电路,组成完整的无线电遥控系统。本机只要安装正确就可工作,仔细调整L_1电感磁芯,使发射与接收频率尽量靠近,可一边调试,一边拉长距离,使灵敏度提高、遥控距离变长。无线电遥控发射器上的五个按钮可驱动机械手双驱车,控制自卸车的抓、放、上、下、前、退、左、右、卸装或灯亮等动作。

2. 无线遥控器发射电路原理图(如图13-1所示)

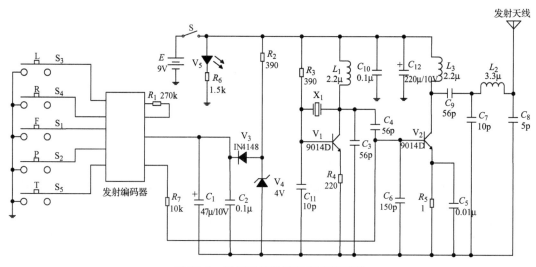

图13-1 无线遥控器发射电路原理图

3. 无线遥控器接收电路原理图(如图13-2所示)

课题十三 无线遥控车的制作

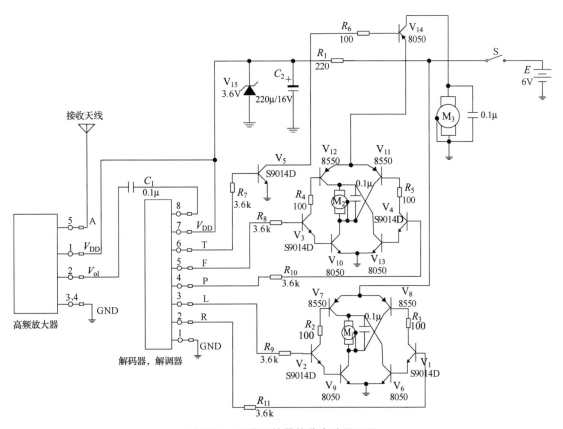

图 13-2 无线遥控器接收电路原理图

二、元器件介绍及应用

1. 编码器

编码集成块由时钟振荡器、分频器、地址/数据编码输入电路以及数据选择与缓冲器等几部分构成。时钟振荡器及分频器向整个编码器提供基准时钟,以协调各部分的工作。地址/数据编码输入电路将输入的不同地址及数据转变为相应的编码信号,以不同脉冲宽度及数目来表征不同指令。数据选择与缓冲电路将电路的并行码变为串行码并输出。有5个控制数据输入端,作为数据输入端使用时,有"0""1"两种状态。内部时钟振荡器外接电阻元件端,由它们确定振荡频率。控制数据码均由编码脉冲输出端串行输出。编码脉冲发送启动端低电平有效。

2. 解码器

解码集成块与编码集成块配套,解码解调器引脚7为电源正极,引脚1为电源负极,引脚2、3、4、5是解码信号输出端,分别输出控制信号,调整引脚6输出其他的控制信号,引脚8是接收信号输入端。

三、双通道五功能无线遥控车的组装与焊接

1. 双通道五功能无线遥控车的焊接

(1) 在电子线路的排版、布线上,应使所有元件尽量靠近集成电路的管脚,特别是输入回路走线应尽量短,且对空白电路应使用大面积接地的方法,使分布参数影响最小。

(2) 对所装元器件预先进行检查,清点阻容元件,再分类,并把每个元件的阻值、容量做个标注,以减少错插元件的情况。确保元器件处于良好状态,应把元器件金属脚上的氧化层刮除干净并上锡便于焊接。

(3) 确定印板上元器件及其代号、插孔与原理图的一一对应关系,按图中编号找出相应的元器件,按先低后高的要求安装。

(4) 安装焊接二极管、电解电容时要注意极性。

(5) 应将集成块插好、焊牢。

(6) 印板外接线按图示位置焊在铜箔面上。

(7) 焊点应光亮圆滑,严防虚、假、错焊及拖锡短路现象。

2. 双通道五功能无线遥控器发射电路印制板(如图 13-3 所示)

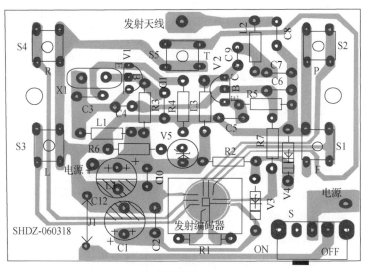

图 13-3 无线遥控器发射电路印制板图

3. 双通道五功能无线遥控器接收电路印制板图(如图 13-4 所示)

课题十三　无线遥控车的制作

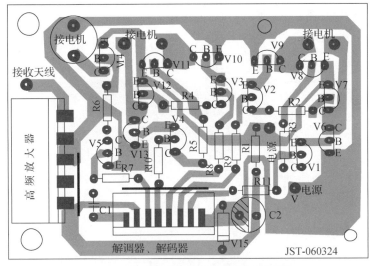

图 13-4　无线遥控器接收电路印制板图

4. 双通道五功能无线遥控器的安装(如图 13-5 所示)

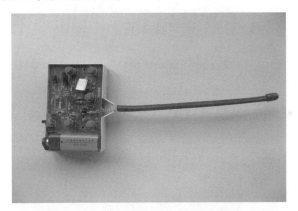

图 13-5　双通道五功能无线遥控器的安装

5. 双通道五功能无线遥控器接收电路的焊接(如图 13-6 所示)

图 13-6　双通道五功能无线遥控器接收电路的焊接

6. 齿轮箱的组件(如图 13-7 所示)

图 13-7 齿轮箱的组件

7. 齿轮箱的安装(如图 13-8 所示)

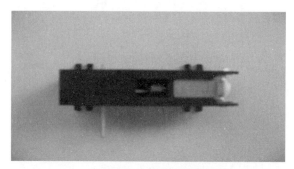

图 13-8 齿轮箱的安装

8. 车模组件(如图 13-9 所示)

图 13-9 车模组件

9. 车轮安装(如图 13-10 所示)

图 13-10　车轮安装

10. 车身安装(如图 13-11 所示)

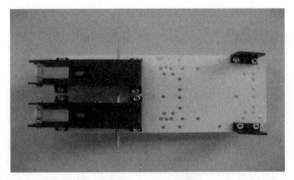

图 13-11　车身安装

11. 车轮与车身合并安装(如图 13-12 所示)

图 13-12　车轮与车身合并安装

12. 车厢安装组件(如图 13-13 所示)

图 13-13　车厢安装组件

13. 车厢安装过程(如图 13-14 所示)

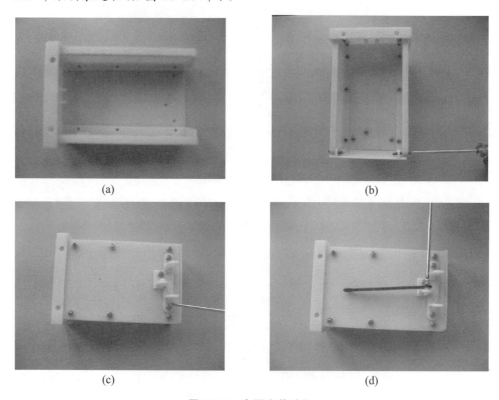

图 13-14　车厢安装过程

14. 车厢与车身的合并安装过程(如图 13-15 所示)

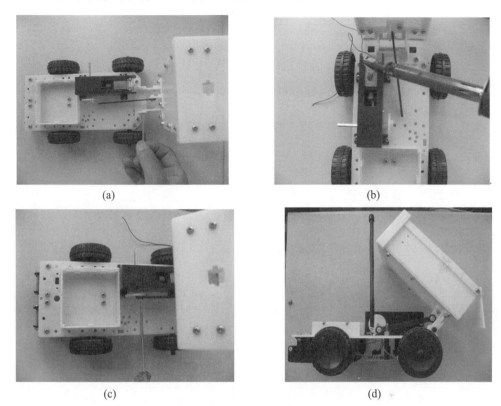

图 13-15 车厢与车身的合并安装过程

15. 自卸车装配图(如图 13-16 所示)

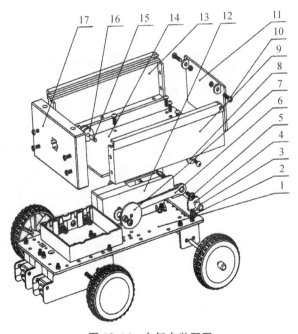

图 13-16 自卸车装配图

图 13-16 中装配的各部件规格如表 13-1 所示。

表 13-1 装配部件规格

序号	名称	规格	数量	备注
1	双驱动四轮平板车		1	
2	底板支架		1	
3	轴套		2	
4	支架轴		1	
5	带垫自攻螺丝		2	
6	连杆	M3×6×Φ8	1	
7	偏心轮		1	
8	平板支架		1	
9	右旁板		1	
10	机制螺丝		22 对	
11	翻门	M3×8	1	
12	机芯		1	
13	左旁板		1	
14	平板		1	
15	滑轮轴		1	
16	滑轮		1	
17	车顶		1	

四、调试

双通道五功能无线遥控车调试程序如下:

(1) 通电前用万用表电阻挡测电路的正负极两端,阻值应大于 2kΩ,否则说明电路有短路的地方,应逐步排除。

(2) 调试前,注意电池正负极性并进行正确安装,接收部分放入 4 节电池(6V),发射部分放入 1 节电池(9V),接通电源,即可调试。

(3) 按住发射器,用示波器查看发射信号(应为 27MHz 左右的发射信号)。

(4) 按住发射器,接收器在发射器附近,调节接收器的高频线圈以能正确接收信号为准,然后使接收器逐渐离开发射器,调节接收器的高频线圈以能正确接收信号,一般使两者的距离为 5m 左右即可。

(5) 按不同的发射器按钮,调节双通道五功能无线遥控车的五个动作。

五、元件清单

1. 无线遥控器发射电路元件清单(表 13-2)

表 13-2 元件清单

名称	位号	规格型号	备注	名称	位号	规格型号	备注
电阻	R_1	270kΩ		二极管	V_4	4V 稳压管	或 150kΩ
电阻	R_2	390Ω		二极管	V_5	Φ5 发光管	
电阻	R_3	390Ω		二极管	V_3	IN4148	
电阻	R_4	220Ω		三极管	V_1	9014D	
电阻	R_5	1Ω		三极管	V_2	9014D	
电阻	R_6	1.5kΩ		晶振	X_1	27MHz	
电阻	R_7	10kΩ		按键	L、R、F、P、T		5 个
电容	C_1	47μF/10V		电感	L_1	2.2μH	
电容	C_2	0.1μF		电感	L_2	3.3μH	
电容	C_3	56pF		电感	L_3	2.2μH	
电容	C_4	56pF		编码器			发射
电容	C_5	0.01μF		开关	S		
电容	C_6	150pF		天线		发射天线	
电容	C_7	10pF		印刷板			专用
电容	C_8	5pF		电线			若干
电容	C_9	56pF		发射盒			专用
电容	C_{10}	0.1μF		螺钉			若干
电容	C_{11}	10pF		电池夹			9V 用
电容	C_{12}	220μF/10V		图纸			1 套

2. 无线遥控器接收电路制作材料清单(表 13-3)

表 13-3 材料清单

名称	位号	规格型号	备注	名称	位号	规格型号	备注
电阻	R_1	220Ω		三极管	V_7	8550	
电阻	R_2	100Ω		三极管	V_8	8550	
电阻	R_3	100Ω		三极管	V_9	8050	
电阻	R_4	100Ω		三极管	V_{10}	8050	
电阻	R_5	100Ω		三极管	V_{11}	8550	
电阻	R_6	100Ω		三极管	V_{12}	8550	
电阻	R_7	3.6kΩ		三极管	V_{13}	8050	
电阻	R_8	3.6kΩ		三极管	V_{14}	8050	
电阻	R_9	3.6kΩ		高频放大器			专用
电阻	R_{10}	3.6kΩ		解码器	解调器		专用
电阻	R_{11}	3.6kΩ		天线	接收天线		专用

续表

名称	位号	规格型号	备注	名称	位号	规格型号	备注
电容	C_1	$0.1\mu F$		电机	M_1	专用	
电容	C_2	$220\mu F/16V$		电机	M_2	专用	
三极管	V_1	S9014D		电机	M_3	专用	
三极管	V_2	S9014D		线路板		专用	
三极管	V_3	S9014D		电池盒		6V 5号电池4节	1套
三极管	V_4	S9014D		螺钉			若干
三极管	V_5	S9014D		电线			若干
三极管	V_6	8050					

六、主要故障排除

1. 首先检查电源,确定电源工作正常

2. 电机不转的检修

电机控制部分为三组单独控制部分,由解码器输出分别控制。电机不转的检修步骤如下:

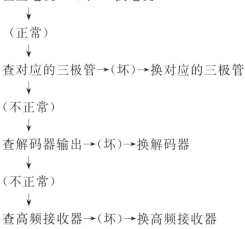

七、技能训练

1. 技能训练要求

(1) 根据课题的要求,按照电子原理图完成印板的焊接和线路连接。

(2) 按照步骤要求进行电子印板的调试与测量。

(3) 时间:360分钟。

2. 技能训练内容

(1) 按照无线遥控车在实训套件上进行焊接和线路连接。

(2) 检查接线,正确无误后通电调试与测量。

(3) 按照指导教师的要求叙述工作原理。

3. 技能训练使用的设备、工具、材料

万用表	1台
双踪示波器(40MHz)	1台
无线遥控车套件	1套
30W 电烙铁	1台
1mm 焊丝	若干
松香	若干
连接导线	若干

4. 技能训练步骤

(1) 按电路原理图(图 13-1、图 13-2)在实训套件(无线遥控车)上进行焊接,应按要求进行焊接,使无虚焊、无脱焊、无桥接等,检查焊点是否光滑、无毛刺。

(2) 无线遥控车发射功能调节。调节无线遥控车发射器,在示波器上看输出波形,调试完成后向指导教师演示。

(3) 无线遥控车接收功能调节。调节接收器,使能正确接收信号,无线遥控车能完成五个功能动作,调试完成后向指导教师演示。

5. 技能评分标准(如表 13-4 所示)

表 13-4 技能评分标准

课题名称		无线遥控车的制作	额定时间	360分钟
课题要求	配分	评 分 细 则		得分
焊接接线	20	每有虚焊、脱焊、桥接,扣5分		
		每有 1 处错接,扣5分		
调试	30	每通电 1 次,不成功每处扣5分		
		通电调试不成功或不能调试,扣30分		
仪器使用及测试	10	使用万用表、示波器错误,每处扣3分		
		不能正确使用万用表、示波器,扣10分		
原理叙述	30	整体电路工作原理概述不全面,扣3~7分		
		整体电路工作原理不会概述,扣10分		
		发射编码电路的工作原理叙述不全面,扣3~7分		
		发射编码电路的工作原理不会叙述,扣10分		
		接收解码电路的工作原理叙述不全面,扣3~7分		
		接收解码电路的工作原理不会叙述,扣10分		
安全生产,无事故发生	10	安全文明生产,符合操作规程,不扣分		
		经提示后能规范操作,扣5分		
		不能文明生产,不符合操作规程,扣10分		

评分教师: 日期: